U0383910

野生蔬菜栽培学

各论

主编 熊爱生 谭国飞

江苏凤凰科学技术出版社·南京

图书在版编目(CIP)数据

野生蔬菜栽培学:各论 / 熊爱生等主编. — 南京 :
江苏凤凰科学技术出版社,2023.11
ISBN 978-7-5713-2763-7

Ⅰ.①野… Ⅱ.①熊… Ⅲ.①野生植物－蔬菜园艺
Ⅳ.①S647

中国版本图书馆 CIP 数据核字(2022)第 172940 号

野生蔬菜栽培学　各论

主　　　编	熊爱生　谭国飞	
责 任 编 辑	沈燕燕	
责 任 校 对	仲　敏	
责 任 设 计	徐　慧	
责 任 监 制	刘文洋	

出 版 发 行	江苏凤凰科学技术出版社
出版社地址	南京市湖南路 1 号 A 楼,邮编:210009
出版社网址	http://www.pspress.cn
照　　　排	南京新洲印刷有限公司
印　　　刷	江苏凤凰数码印务有限公司

开　　　本	787 mm×1092 mm　1/16
印　　　张	12
字　　　数	240 000
插　　　页	12
版　　　次	2023 年 11 月第 1 版
印　　　次	2023 年 11 月第 1 次印刷

标 准 书 号	ISBN 978-7-5713-2763-7
定　　　价	170.00 元(精)

本书编委会

主　　编　熊爱生（南京农业大学）

　　　　　　谭国飞（贵州省农业科学院）

副 主 编　王广龙（淮阴工学院）

　　　　　　陈志峰（遵义师范学院）

　　　　　　张　健（吉林农业大学）

　　　　　　熊　飞（扬州大学）

　　　　　　李梦瑶（四川农业大学）

　　　　　　王雅慧（南京农业大学）

参编人员　（按姓名汉语拼音排序）

陈　晨	陈逸云	陈志峰	邓元杰	段奥其	冯　凯
黄　蔚	黄　莹	贾丽丽	贾晓玲	蒋　倩	李　彤
李　岩	李静文	李梦瑶	李亚鹏	刘　慧	刘洁霞
刘佩卓	刘堰珺	卢　杰	罗　庆	马　静	孟　歌
仇　亮	却　枫	孙　淼	谭国飞	谭杉杉	陶建平
田　畅	王　枫	王广龙	王俐翔	王雅慧	文林宏
熊　飞	熊爱生	徐志胜	杨小兰	尹　莲	尹　跃
余徐润	张　健	张榕蓉	张文慧	张馨月	周建华

序

自古以来中国人对野生蔬菜的喜爱从未停止,中国不同地域均有野生蔬菜的分布,不同地域对野生蔬菜的食用有各自的特色。野生蔬菜季节性强,具有独特的风味,含有丰富的营养价值和药用价值,赋予了其特有的魅力。为了挖掘更多种类的野生蔬菜供人们食用,并实现周年供应,野生蔬菜人工栽培必然成为发展趋势,成为蔬菜产业中独秀的一枝。

中国有1 000余种植物可作为野生蔬菜开发和食用,常见的蕨菜、薇菜、水芹、野葱、襄荷、西洋菜、白花前胡等,已经开始人工驯化栽培,市场前景可观。一些县(市)的野生蔬菜已成为其独特的名片和地理标志产品,如江苏溧阳白芹(水芹)、江苏南通如东襄荷、安徽太和香椿、河南商丘虞城荠菜、黑龙江呼玛老山芹等。在贵州省,野生蔬菜已成为贵州蔬菜产业的重要组成部分和全省9个特色优势蔬菜种类之一,并且专门成立了野生蔬菜专家技术服务团队。目前,已形成织金香椿、毕节襄荷、黄平特色野生蔬菜、麻江豆瓣菜等布局,预计野生蔬菜栽培面积将达到30万亩。随着野生蔬菜规模扩大,如何实现野生蔬菜高效绿色栽培,将影响野生蔬菜产业的发展。为此,对野生蔬菜栽培技术进行系统研究总结显得更加重要。

由熊爱生教授主编的《野生蔬菜栽培学 总论》对野生蔬菜栽培进行了较系统的归纳和总结,讲解了野生蔬菜栽培过程中涉及的共性问题,也对具体种类野生蔬菜的栽培提出了具体的方法。为此,熊爱生教授和谭国飞副研究员在编写的《野生蔬菜栽培学 总论》基础上,联合南京农业大学、贵州省农业科学院、淮阴工学院、遵义师范学院、吉林农业大学、扬州大学、四川农业大学等涉农院校和科研院所的相关学者,经过7年的时间,对常见野生蔬菜栽培进行深入调查研究,编写完成了《野生蔬菜栽培学 各论》一书。

该专著的出版为从事野生蔬菜开发、栽培的相关工作人员和广大师生提供了一本内容较为全面的参考书,对野生蔬菜产业的发展具有一定的实际指导意义,也可以促进野生蔬菜产业的健康发展。

孟平红

(博士,研究员,贵州省农业科学院副院长)

前　言

　　野生蔬菜主要指那些生长在野外,可供人们食用的除粮食作物以外的草本、藤本、木本植物。野生蔬菜原指没有经过人们刻意种植栽培的一类可食用的植物。而现在广义的野生蔬菜指生活在野生环境或人工栽培环境下,具有特殊风味、可以食用的一类特殊的野生植物,其可以通过人工栽培,成为具有较高营养价值的蔬菜产品。野生蔬菜具有种类多、分布范围广、地域性强、含特殊风味、药食同源、营养价值高以及商品价值高等特点。野生蔬菜逐渐成为各省(区、市)蔬菜发展的重点和热点之一。各省(区、市)在调研的基础上,结合各地的气候特点、栽培技术、市场定位等,发展了地方特色野生蔬菜,这对于改善人们的膳食结构,调整我国的蔬菜产业结构,保护我国的蔬菜种质资源等具有重要意义。

　　贵州省将野生蔬菜列入 9 个蔬菜优势单品,组织专家团队对全省野生蔬菜的栽培进行指导和研究工作,形成了毕节市七星关 5 000 亩*襄荷、织金县 5 000 亩香椿、黄平县 5 000 亩特色野生蔬菜、麻江县 1 000 亩水生豆瓣菜种植示范基地。另外,全国各地还形成了江苏南通如东襄荷、安徽太和香椿、安徽绩溪燕笋干、安徽金坝芹芽(水芹)、山西孙家湾香椿、山西芮城香椿、山西杜马百合等地理标志农产品。

　　野生蔬菜作为我国传统食用蔬菜,早在《诗经》中就有记载,如薇菜、蕨菜、荠菜、谖(黄花菜)、苤苜(车前草)等。然而,由于野生蔬菜具有季节性强、区域分布差异大、有毒植物和野生蔬菜容易混淆、采摘不易,以及产量低等特点,已经无法满足市场对野生蔬菜的需求,为此,野生蔬菜的人工栽培成为必然趋势。目前,野生蔬菜需求量大,价格相对高,市场前景发展良好,但大部分野生蔬菜种植技术还处于起步阶段,需要加强种质资源和栽培技术研究。野生蔬菜人工栽培后,如何维持野生蔬菜特有的风味,并在加工、贮藏、保鲜、运输等过程中保持野生蔬菜产品的品质,是一项重要的课题。

　　自 2014 年《野生蔬菜栽培学 总论》出版以来,经过 7 年的实践和发展,作者团队对一些常见的野生蔬菜栽培技术进行了归纳和总结,编写完成了《野生蔬菜栽培学 各论》。在本书中,主要从各种野生蔬菜的形态特征、生境分布、营养药用成分、栽培季节选择、繁殖

---

　　* "亩"为我国农业上常用的耕地面积计量单位,本书保留使用。1 亩约为 667 平方米。

方法、育苗技术、田间管理、病虫害防治、采收、加工等方面进行叙述,共分为 32 章,选取了 32 种不同种类的野生蔬菜有针对性地进行阐述,以期为野生蔬菜栽培和生产提供参考。

本书由熊爱生、谭国飞主编,王广龙、陈志峰、张健、熊飞、李梦瑶、王雅慧副主编,冯凯博士、黄莹博士、徐志胜副教授、刘慧博士等参与了编写工作,扬州大学植物生理学教研室熊飞教授和余徐润副教授拍摄了大多数的野生蔬菜照片,其余照片由熊爱生教授和谭国飞副研究员提供。最后全书由熊爱生、谭国飞、王广龙、李梦瑶、王雅慧分别进行审定和校对。

《野生蔬菜栽培学 各论》编写出版过程中,得到了江苏凤凰科学技术出版社的大力支持。本书的编写还得到南京农业大学园艺学院、贵州省农业科学院园艺研究所、淮阴工学院生命科学与食品工程学院、遵义师范学院生物与农业科技学院、扬州大学生物科学与技术学院、吉林农业大学农学院、四川农业大学园艺学院的帮助和支持。南京农业大学蔬菜学国家重点学科、作物遗传与种质创新利用全国重点实验室的相关老师和同学为本书的编写付出了辛勤的劳动,在此一并表示衷心的感谢。

《野生蔬菜栽培学 各论》是关于野生蔬菜栽培的参考书,由于涉及野生蔬菜种类较多,具体的生产栽培环节较多,有一定的难度,经编审人员共同努力才得以完成。但是我们仍深感基础理论和相关实践尚不足,水平所限,本书中的不当之处和错误在所难免,恳请读者谅解。同时也希望阅读和使用本书的各位蔬菜行业的学者和广大读者能够批评、指正,并提出宝贵修改意见,以便在将来做进一步的完善和修订。

编 者

2022 年 6 月

目　录

第一章

薇　菜

❧第一节　薇菜的概述❧

薇菜,为紫萁科(Osmundaceae)紫萁属(*Osmunda*)多年生草本蕨类植物。薇菜又称紫萁(*Osmunda japonica* Thunb.),别名猫耳蕨、月亮苔、老虎蕨,在中医学中被称为紫萁贯众或高脚贯众,用其地上嫩叶及叶柄加工成的商品称薇菜。薇菜营养丰富,质地脆嫩,风味独特,是一种深受消费者欢迎的山珍野生蔬菜。由其幼嫩的叶柄加工干制而成的薇菜干,近年来出口日本、韩国,已成为畅销的野生蔬菜商品,在国内外市场上被誉为"山珍佳品"。我国的薇菜资源较为丰富,开发前景广阔。

一、薇菜的形态特征

薇菜植株高 50～80 厘米,其根和茎较为粗壮,短块状,斜升,集有残存叶柄,无鳞片。薇菜植株外露之处常密生气生须根,呈棕色。薇菜的叶丛生,为二回羽状复叶,有营养叶(不育叶)和孢子叶(可育叶)两种类型,颜色主要为浅绿色或紫红色。其中紫红色通常是初春低温时的颜色,随着温度的升高,叶片的颜色逐渐由紫色变成绿色,而薇菜商品颜色以紫红色为最好。

薇菜幼时叶片表面着生一层白色或白里夹棕色的茸毛,其营养叶呈扁圆形饼状,孢子叶呈球形拳状,叶柄断面呈三角形,内部维管束呈"C"形。薇菜成株的营养叶为三角状阔卵形,顶部以下呈二回羽状,小羽片矩圆形或短圆披针形,先端钝或短尖。薇菜的孢子叶呈小羽片状,卷曲呈条形,长度为 1.5～2.0 厘米,沿叶片主脉两侧密生孢子囊,叶片初为绿色,成熟后为黄褐色,随即枯败。当薇菜被折断时,有黏稠的汁液流出,折断部位会立刻变黑。

二、薇菜的生境及分布

薇菜多分布于山坡林下，山脚路旁，荒地或溪旁的酸性土壤上，多与杨梅、杜鹃、茶、山茶等树种伴生，我国的西南、东北等地区是薇菜的主要产区。

三、薇菜的营养成分

薇菜的营养丰富。据测定，每 100 克薇菜可食用部分含蛋白质 2.2 克、脂肪 0.19 克、碳水化合物 4.3 克，并含有丰富的胡萝卜素和各种维生素。薇菜还含有丰富的矿物质元素，每 100 克薇菜可食用部分含钙 1 970 毫克、钾 1 320 毫克、镁 548 毫克、磷 214 毫克、锰 23.5 毫克、铁 13.3 毫克、锌 3.4 毫克、铜 0.9 毫克。

薇菜中还含有人体必需的多种氨基酸，而其胆固醇的含量较低，因此食用薇菜对防止血管硬化有良好的效果。薇菜还含有硒、钼等多种对人体有益的微量元素，是一种具有抗癌作用的食品。

四、薇菜的药用价值

薇菜还是中医上一种重要的药用植物。薇菜的根状茎有很好的药用价值，不仅具有清热解毒的功效，可用于缓解感冒、发热和头痛引起的不适，而且具有凉血、止血功能。薇菜幼叶上的茸毛，通过烘干并研成粉，对外伤出血有一定止血作用。

第二节　薇菜的人工栽培技术

薇菜喜阴湿温暖的环境，耐旱性较差，对强光很敏感，通常在遮阴处生长良好。林下环境中，薇菜的长势良好，其幼叶萌发早，生长速度快，幼叶较多，叶柄较长。地温达到 8 ℃时，薇菜可以萌发；温度达到 15 ℃，生长速度加快；温度超过 20 ℃，生长速度放缓；超过 30 ℃，生长停止。

冬季薇菜的地上部分枯黄，而地下根状茎可以安全越冬。薇菜对土壤适应性较强，在酸性、偏酸性的土壤上长势良好。薇菜对肥的耐受性较强，在湿润肥沃的腐殖土上生长良好。薇菜的山地人工栽培，宜选择灌溉排水良好、土层厚、富含有机质的土壤，并保持栽培田块的湿润、肥沃。生产上可以利用疏林地、果林地、经济林地、人工林地等有遮阴环境的地段套种栽培。

一、薇菜的繁殖

薇菜的繁殖方式有无性繁殖和有性繁殖两种。

1. 无性繁殖

(1) 利用薇菜的根状茎整株栽植 将整株薇菜挖取后挖坑种植。以该方式种植的薇菜当年就可采收,但所需种苗个体较大,数量也较多。

(2) 利用薇菜的根状茎分株栽植 将植株比较大的薇菜分成若干种苗后,每穴种植1株。以该方式种植时需要的种苗量较多,且第一年不宜采收。

2. 有性繁殖

薇菜的有性繁殖指利用孢子进行繁殖,即通过采集薇菜的野生孢子,其萌发后进行繁殖。薇菜的孢子繁殖速度很快,但是其生产周期较长,通常需要4~5年才能达到生产用株标准。进行薇菜的规模化开发,需要较多的种源,因此可利用孢子进行繁殖。

二、薇菜的栽培

1. 栽培模式

(1) 单种 薇菜的单种栽培宜选择土层深厚、土壤湿润、肥沃的酸性或微酸性地块进行。薇菜的栽培可选择荒山、荒坡栽植,结合退耕还林、退耕还草等生态建设项目。薇菜的单种栽培对防止水土流失有一定作用,同时还可以增加种植户的经济效益。

(2) 套种 薇菜的生产栽培也可以与各种经果林进行套种。根据经果林的具体情况在林间套种薇菜,选择缓坡地种植。

2. 孢子播种育苗技术

(1) 设置育苗播种床 由于薇菜苗对高温、强光、干燥的环境比较敏感,生产上可以在4月份选择气候适宜的时间段作为薇菜的播种时间以培育小苗,也可以采用设施环境进行育苗。薇菜育苗床面积的大小应根据薇菜育苗数量来确定。

(2) 准备孢子萌发和生长的培养基质 由于薇菜孢子非常细小,育苗中所用的培育基质要求质地细而疏松,同时保水性能强。生产上,可将腐叶土与牛粪混合后晒干捶碎,过筛后与微酸性的黄泥土或是菜园土混合均匀,以作培养基质。薇菜孢子播种床的厚度以15厘米为宜,要求床面平整。

(3) 设置移栽床 薇菜孢子播种育苗后的次年秋季,薇菜小苗生长良好,这时需将其移栽到薇菜移栽床中,培育大苗。移植时可以选择朝北、较平坦、土质疏松、土壤湿润且呈微酸性的田块作为移栽床。薇菜幼苗移栽前应将移栽床深耕,施入腐熟的有机肥料,整平。移栽床通常宽1米、高10厘米,畦间留30厘米的过道,薇菜幼苗栽植密度通常为25株/米^2。

(4) 采收孢子 春季,薇菜出苗后2~3周,孢子体开始发育,孢子叶位于雌株的叶背顶端沿主脉两侧,5月中旬至6月上旬薇菜的孢子发育成熟,此时可以采集薇菜的孢子。采集的薇菜孢子可以装入干燥的牛皮纸袋或信封中,并存放于室内阴凉干燥处。2~3天后,薇菜的孢子囊开裂,淡绿色粉末状的孢子散落于纸袋底部。此时可取出孢子,播种于萌发的基质上。薇菜孢子的存活期在1周左右,因此孢子采收后要尽早播种,以保证萌发率。

(5) 孢子处理　自然条件下,薇菜孢子萌发很慢,萌发率很低。生产上,为促进孢子的萌发,采用20~40毫克/升的赤霉素溶液浸泡薇菜孢子1小时后再播种,可以提高薇菜孢子的萌发速率和萌发率。

(6) 孢子播种　预先准备好播种床,将薇菜孢子(处理过)均匀散播于播种床。播种时要注意孢子的播种量,若播种过多,则孢子重叠,不利孢子的生长发育;若播种过少,则苗太少,不能满足薇菜生产需要。

(7) 播后管理　薇菜孢子播种后,播种床可以使用薄膜覆盖,以保持温度和湿度。播种后,要加强光照的管理,促进薇菜孢子的生长发育。播种床如果没有树林遮阴,就要在床面薄膜上覆盖稀疏的干稻草或遮阳网,利用散射光进行光照。

播种10天后,薇菜孢子开始萌发,该阶段要适当洒水,防止干燥。具体可以使用细水雾喷头的喷雾器喷洒于床面上。通常,播种1个月后,原叶体长出;2个月后,第一片心形叶长出。来年春天幼叶长出,秋天可长出4~5片叶,株高可达10~15厘米。薇菜的整个生长期都要注意肥水管理,冬季和早春时节要做好防寒防冻。

(8) 移栽　薇菜孢子播后次年秋季,小苗已形成,可以进行移栽。薇菜移栽时,要事先准备好移栽床,注意栽植深度,栽后要立即浇透水。

(9) 定植　采用孢子播种育苗的薇菜,大约经过3年就能长出5~10厘米的根,达到定植要求。薇菜的定植通常在晚秋进行,定植密度一般为9株/米^2。薇菜定植要事先做好选地、整地、施肥、越冬等管理。

3. 根状茎栽植技术

(1) 栽植季节　薇菜的栽培可在春、秋两季进行,生产上以秋季栽培为主,通常秋季薇菜的移栽成活率高。薇菜的秋季移栽在9月下旬至11月上旬进行,该阶段薇菜已进入休眠状态,采挖对植株影响较小。

生产上,根据具体地区气候情况,可以相应调整栽培时间。气候温热、海拔较低的地区,可以适当推迟薇菜的栽培时间。薇菜的春季栽培,应选择灌溉良好的田块,在2月上旬至3月上旬进行移栽。薇菜移栽后可采用覆盖秸秆方式提高移栽成活率。另外,覆盖对薇菜的安全过冬有益,也可促进薇菜的生长,提早收获期。

(2) 种源采集　人工栽培的薇菜可以以根状茎为种源。薇菜的根状茎种源主要来自野生薇菜分布的地区,民间常称薇菜的根状茎为"兜子"或"母兜"。为了保护野生薇菜资源,采集薇菜的根状茎时不能集中成片采挖,应分散间隔采挖,可以防止薇菜资源的枯竭,有利于薇菜种质资源的保存和繁衍。通常薇菜根状茎采集的要求是粗6厘米以上、长10厘米以上。

薇菜根状茎采集前,应事先对采集地点进行采挖观察,确定根状茎的大小和分布情况后再进行采挖。可以根据薇菜根状茎顶部残存叶柄基部的叶柄多少、粗细、宽窄来判断根状茎的大小。

小贴士

薇菜根状茎采集前,要事先将栽培地、肥料、灌溉水准备好。采挖时要选择粗壮、无病、完整的根状茎,并且要带根、带叶,尽量多带土,少伤须根。薇菜根状茎种源搬运时要轻拿轻放,及时栽培。

(3) 根状茎分株栽植 薇菜根状茎栽培时可以进行分株繁殖栽培。分株的方法是将完好的根状茎用锋利、消毒后的刀从顶部的中心分切。分株时,每株要带根、带叶、带土,注意不要伤到根状茎顶部及切口附近孕育的幼芽。分株后将分株材料包装好,其他要求与薇菜根状茎整株种源采集相同。

(4) 整地做畦 薇菜栽培用地要加强四周道路、排水沟、积水池的修建,栽培地深耕细耙后,做平畦,宽 1.2 米,以间隔 30 厘米为宜。

(5) 栽植 薇菜栽培中整株移栽和分株移栽的栽植密度类似,都采取单株栽培,适度密植。通常,生产上的栽植密度为 9 株/米^2,同畦向平行栽植。移栽时,畦上开 3 条栽植沟,沟的宽度和深度均为 25 厘米左右,每亩施用有机肥 1 500 千克,同时加入钙镁磷肥 40千克,混合拌匀后施入沟中,施肥要做到同土壤混合均匀。栽植时整株或分株薇菜根状茎的盖土深度为至根状茎顶部约 2 厘米,栽植后立即浇水,可覆盖草或地膜以保温保湿。

(6) 田间管理

① **除草**:在薇菜的整个生产过程中都要注意除杂草。冬季薇菜地上部叶片枯黄后,应及时割除枯萎的地上部分,并及时清理栽培地内及四周的杂草。整个薇菜生长过程中,需除草 2～3 次。

② **中耕**:第二年春天,薇菜萌动发芽前要进行 1 次浅中耕,深度 5 厘米即可。中耕利于薇菜的发苗,可促进薇菜的生长和分蘖。

③ **灌溉**:薇菜生长过程中,要根据栽培地块的干湿状况进行灌溉。通常,在薇菜幼叶萌发前和营养叶生长初期分别灌溉 1 次。

④ **追肥**:薇菜生长过程中,还应注意加强肥料的供给。在 3—5 月薇菜采摘时节,每周浇施 1 次 0.5% 的磷酸二氢钾水溶液。在薇菜的营养生长中期和旺盛期可各追施有机肥 1 次。

⑤ **培土**:为了促进薇菜的根、根状茎以及蔸的生长发育,冬季需要进行培土。培土时用细土、草木灰或树叶盖蔸,能起到补充钾肥、保温越冬及护根的作用。

《第三节　薇菜的采收、食用与加工》

一、薇菜的采收

一般在 3 月中旬至 5 月上旬晴天的清晨进行薇菜的采收。采收时通常采摘粗壮的嫩叶,当薇菜高度达到 15～20 厘米,嫩叶叶柄基部直径达到 0.5 厘米,叶尖尚未展开伸直时采收。采摘时要选用没有被虫蛀、没有受到霜害的嫩叶,采摘后及时整理,放入整理箱中,注意防止嫩叶相互挤压。

为了促进薇菜的恢复生长,通常利用根状茎栽植的薇菜当年不采收,第二年可采收 1 次,第三年可采收 2 次,过度采收会影响薇菜来年的产量。生产上,薇菜采收 2 次后就不宜再继续采收,因为要保证其叶片继续生长,为来年薇菜的幼叶贮存养分,保证来年薇菜的叶片生长。

生产上,采收的标准为薇菜幼叶萌发,出土,盘卷的顶端下生出一对幼叶,顶端茸毛破裂,幼叶长度达到 15～18 厘米。薇菜采收中为了保护地下根茎不被刀割伤,可以直接用手折断。薇菜采收时,要严格执行采收标准,过小的不采,过老的不采。采摘的薇菜幼叶包装后应及时加工处理,通常要求当天完成。

二、薇菜的食用

薇菜的食用部位主要是其卷曲的叶及叶柄,其次是其根状茎和须根以及叶苞。

1. 嫩叶的食用

薇菜的嫩叶在春季气温回升后萌发,萌发时期因各地海拔不同而有所差异。薇菜嫩叶的萌发一般在 2 月下旬至 3 月初开始,3 月中旬至 4 月中旬即可采集萌发高度为 15～20 厘米的尚未展开伸直的薇菜嫩叶及叶柄,去芽叶和茸毛后就可加工食用。在根状茎顶端中部萌发的嫩叶多为孢子叶,叶柄细而短,黑褐色,顶部盘卷呈球形,味腥,俗称"母株";根状茎顶端周围萌发的嫩叶多为营养叶,叶柄粗而长,红褐色,顶部盘卷呈扁圆形,味略腥,萌发较多,俗称"公株"。为保护薇菜的繁衍,其孢子叶不能采集,营养叶可采集。薇菜的嫩叶可以鲜食,但其鱼腥味较浓,一般直接食用较少,而以干制加工为主。鲜食薇菜嫩叶须经加工制作和烹调后食用。

薇菜食用方法很多,可以凉拌、做汤、炒食,荤素均可搭配。薇菜还可以经腌制后进一步加工制成多种美味可口的菜品。薇菜具有较好的食疗功效,食用后对人体益处很大。薇菜鲜菜经加工脱水后制成的干品,食用时用热水泡发后再用清凉水洗净,同样可以做成多种菜肴,被人们视为"山珍"。薇菜虽好,其食用量也不宜太多,建议每人每次食用以

100～250 克(鲜重)为宜。

2. 根状茎的食用

薇菜的根状茎较为粗壮,呈纺锤形短块状,也有圆锥形或不规则的长圆形,稍弯曲,顶端钝,下端稍尖,长度一般为 10～18 厘米,直径为 4～8 厘米,表面呈棕褐色,内面中心呈黄白色,粉质,淀粉含量高,味微甜。薇菜的根状茎采收后可以鲜食或晒干备用,也可以制成粉皮、粉条后食用。薇菜的根状茎具有一定滋补作用,但是食用量不能过多,每次食用以低于 50 克(干粉)为宜。

3. 须根的食用

薇菜的根状茎周围密植斜生、黑色、弯曲的须根,因此人们也称之为"须须药",可以用来炖肉、炖鸡,具有改善虚汗、盗汗的功效。

三、薇菜的加工

1. 迅速烫漂

薇菜的加工对原料的要求非常严格,鲜菜不宜过夜,要及时进行烫漂。通常,在采收后当天就要将整理好的薇菜利用沸水进行烫漂,烫漂时需要将叶柄及叶球分开。烫漂的作用是使薇菜的叶柄软化,溶解薇菜原料中的异味。烫漂过程中,为使薇菜的叶柄受热均匀,烫漂使用的热水量要大,能将投入的薇菜嫩叶全部淹没。同时在烫漂过程中一般不翻动薇菜原料,不对加热容器加盖,使用旺火,使水能够在 3～4 分钟迅速沸腾。水沸腾后,立即从沸水中捞起薇菜原料,从薇菜的基部等分往下撕开,若能撕开到叶柄尖,表明薇菜已经烫好,此时要迅速捞出薇菜原料。薇菜烫漂过程的注意要点主要是水多、菜少、火旺、温度高、时间短。

2. 晾晒转红

将烫漂好的薇菜原料及时进行晾晒,晾晒时要求摊开、摊平、摊薄,晾晒过程中注意不能翻动薇菜原料。晾晒可以在洁净的露地地面上进行,晾晒的作用是让薇菜原料自然退热,薇菜颜色在晾晒过程中会转色变红。一般,薇菜在晴天晾晒时需 3 小时转红,阴天需要的时间较长,在 6 小时以上,而雨天需要的时间更长,达到 24 小时以上。当薇菜原料叶柄表皮水分晾干,颜色基本转红时,就可以对薇菜进行揉搓加工。

3. 精巧揉搓

薇菜加工过程中揉搓步骤的作用是进一步排除叶柄中的水分,破坏薇菜体内原有组织的排列,防止叶柄干后纤维木质化,以提高薇菜干品的泡涨率和品质。薇菜加工的揉搓一般是一边晒,一边揉,进行 4～5 次即可。

4. 晾晒干燥

薇菜加工过程中的晾晒干燥步骤其作用是使揉搓后的薇菜叶柄皱缩卷曲,有弹性,薇菜制品干燥,便于贮存、运输,达到商品质量,便于销售。薇菜的晾晒干燥通常可以利用太阳晾晒,大晴天晾晒薇菜,当天就可以完成,如果天气不是很晴朗,可以晾晒到傍晚后,将薇菜制品移到室内摊晾,次日再晒。通常,叶柄出现红棕色,皱纹较密,呈现皱缩卷曲状,有弹性,手捏薇菜制品微感刺手,就达到干燥标准,其含水率小于15%。成品的薇菜干要及时包装密封,经过质量标准检验后出售。

小贴士

薇菜的揉搓和干燥过程,要避免露、雨、雾霾等天气环境。经日晒干燥的薇菜制品质量较好。干制的薇菜,要注意通风干燥,保持环境的卫生洁净。

遇连阴雨和空气相对湿度较大的天气,可采用大锅进行烘干加工。加工时,大锅务必要洗干净,杜绝油等物质,用揉搓的方法烘干,加工过程类似于绿茶的加工。薇菜加工和贮藏时,切忌与农药、禽畜粪、香水或其他有气味的物品同放同贮。

第二章

香 椿

《第一节 香椿的概述》

香椿[*Toona sinensis*(A. Juss.)Roem.]，属于楝料（Meliaceae）香椿属（*Toona*），原产我国中部，为多年生落叶乔木，又称春芽树、椿树、椿菜、椿芽。香椿古名钝，在我国的栽培历史已有2 000多年。香椿是一种珍贵的木材，同时也是一种优良的木本蔬菜。

香椿作蔬菜食用时，通常以顶端萌发的新梢及嫩叶为食材，其浓郁芳香，口味独特，而且具有丰富的营养物质，是一种受我国广大人民群众喜爱的高档蔬菜。香椿还可以被用来加工成多种产品，诸如香椿酱、香椿卤腐、香椿泥、香椿罐头等，各类香椿产品不仅在国内市场很受欢迎，还远销亚洲、欧美、大洋洲等地区，是一种具有中国特色的野生蔬菜产品。

一、香椿的形态特征

香椿是一种落叶乔木，树皮通常呈赤褐色，植株较为高大，有时能长到20米以上。香椿叶片为偶数羽状复叶，互生，叶柄基部膨大，长度20厘米左右，具有特殊的香味。香椿的幼枝或叶轴被柔毛或无毛，其小叶数目较多，通常有10～20片。香椿的花序为顶生圆锥花序，长度等于或大于叶长，其花数目较多，且花较小，呈白色。香椿的花期通常为5—6月，果期为9—10月。香椿主要有红椿和白椿两种类型，其中红椿气味较浓，生长较为缓慢，而白椿气味较淡，生长速度较快。

小贴士

香椿与臭椿在生产栽培时务必加以区分，两者之间具有明显的区别：首先，臭椿是苦木科臭椿属的一种落叶乔木，其特点是树叶基部腺点散发臭味。而香椿属于楝科香椿属，也是一种落叶乔木，但其树叶通常具有香气。其次，臭椿的树皮通常较为光滑，香椿的树皮通常呈暗褐色。最后，叶片形态上臭椿与香椿也有较大的差异，通常臭椿叶片为奇数羽状复叶，其叶痕较大且呈倒卵形，而香椿叶片通常为偶数羽状复叶，其叶痕较大而呈扁圆形。

二、香椿的生境及分布

香椿树在我国大部分省（区、市）均有分布，常生长于村落周围、道路两旁，以及田间周围，多呈零星分布。我国乡村农户房前屋后也多有栽植。不同地区的香椿具有较为明显的地域差异，在香椿的遗传育种和生产栽培过程中，需要仔细调查，加强数据的整理与分析，利用各种方法，选育出优良的香椿品种。

三、香椿的营养成分

香椿作为野生蔬菜具有特殊的风味，其营养价值也很高。据测定，每100克香椿可食用部分含有水分83.3克、碳水化合物7.2克、蛋白质5.7克、粗纤维1.5克、脂肪0.4克、灰分1.4克。同时，香椿还含有丰富的矿物质营养成分，每100克香椿可食用部分含磷120毫克、钾548毫克、钙110毫克、铁3.4毫克、镁32.1毫克、锌5.7毫克。另外，香椿的可食用部分含有丰富的胡萝卜素和维生素，还具有较高的药用价值。

四、香椿的分类和主要品种

在我国，香椿分布非常广泛，在各种地貌、土地、土壤和气候环境中均有分布。在自然选择和人工驯化的作用下，香椿种类较多，不同种类之间存在一定的差异。依据初出芽苞以及幼嫩叶片的色泽，香椿主要有红椿和白椿两种类型。

1. 红椿

红椿是菜用香椿的主要类型，通常有开阔的树冠，灰褐色的树皮，红褐色的枝条和嫩梢。红椿的芽苞一般呈紫褐色。红椿具有香味浓、含油多、纤维少等优异品质。红椿的产量较高，芽萌发通常在3月中旬。

2. 白椿

白椿也称为绿椿，通常具有直立的树冠，青黑或绿褐色的树皮，灰绿色的枝条和嫩梢。白椿的开展叶转变为青绿色的时间较短，其叶片通常较薄，香味较淡，油脂含量较少。作为菜用而言，白椿的品质相对较差，其芽萌发一般在3月上旬，早于红椿。

❨第二节 菜用香椿的人工栽培技术❩

较适宜香椿生长的气候环境条件是温暖湿润、年平均温度在 12 ℃以上,冬季最低月平均温度在 0 ℃以上时,香椿也能正常生长。香椿的抗冻能力通常较弱,耐寒性能也较差。菜用香椿生产栽培上,1~2 年的香椿苗或枝条在－2 ℃就有可能枯死,但第二年又能萌发新的枝条。通常 3 年以上的香椿幼树抗冻能力较强,而且随着树龄的增加,香椿树的抗冻和耐寒能力逐渐增强。

香椿树喜光、不耐阴。栽培时应选择日光充足、温差大的地区,此条件下生长的香椿芽色泽鲜艳、香味浓,品质优良。生产上,香椿树对土壤酸碱度要求不是很高,一定范围的酸碱度条件下(pH 值 5.5~7.5)均能生长发育。香椿树偏爱肥沃、有机质含量高的土壤,尤其是富含磷和钾的壤土或沙壤土。

一、菜用香椿的繁殖

生产上,菜用香椿的繁殖主要有无性繁殖和种子繁殖两种。

1. 无性繁殖

菜用香椿的无性繁殖通常采用根扦插、枝条扦插等扦插繁殖方法,也有利用根蘖苗分株的繁殖方式。由于菜用香椿无性繁殖的繁殖系数较小,该方式主要用于香椿的小面积栽培。另外,组织培养的繁殖方式也越来越多地应用到菜用香椿的无性繁殖中。

2. 种子繁殖

菜用香椿生产栽培中,使用种子繁殖具有繁殖系数大、育苗容易、管理较为简单等特点,广泛应用于菜用香椿的矮化密植丰产栽培中。香椿的籽芽菜生产也应用种子繁殖的方式。

二、菜用香椿的栽培

香椿在我国有较悠久的栽培历史,但是发展一直很缓慢。多数以农户零星分散栽培为主,尤其是丘陵山区栽植较多。近三十年,香椿作为特色农产品发展很快,种植区域呈现不断扩大的趋势,栽培技术也在不断完善。生产上的集中成片、矮化密植、保护地栽培、无土芽苗栽培等新技术的出现进一步助推了香椿作为特色蔬菜的发展。同时,香椿的丰产栽培技术、贮藏技术、深加工技术也得到进一步改进和提高。目前,我国的江苏、安徽、湖南、河南、河北、山东、浙江、贵州等地是菜用香椿的主要产区。

1. 露地栽培技术

菜用香椿的露地栽培一般指农家在院落周围、路旁和田边零星种植香椿树,或是小规模的成片栽培多株香椿树。

(1) 树苗准备　菜用香椿的露地零星栽培所需要的香椿苗数量少,通常采用无性繁殖(分株繁殖、根扦插繁殖、枝条扦插繁殖)即可满足需求,种子繁殖的树苗也常采用。

① **根蘖苗分株繁殖**:香椿生长过程中,树干基部不定芽会萌发成根蘖苗。当幼小的根蘖苗高度达到 1 米左右时,就可以作为繁殖的树苗使用。

② **根扦插繁殖**:根扦插繁殖是香椿生产上一种有效的繁殖方式。挖掘香椿健壮植株直径 0.5~1.0 厘米的侧根,并将其剪成 15~20 厘米的小段,按照一定的株行距插入香椿苗圃中。经过一定时间,香椿幼苗就能够长出。香椿根扦插繁殖一般在秋季或春季进行,扦插后要加强水肥管理。

③ **枝条扦插繁殖**:枝条扦插的繁殖方式是香椿生产上获得香椿幼苗的有效繁殖方式之一。在秋季落叶后,春季萌发前,选取 1~2 年生的香椿枝条,分成长度为 15~20 厘米的扦插条,按照一定的株行距插入苗圃土中,待到春季发芽后,选取健康的香椿芽,培育成新的香椿幼苗。香椿枝条扦插繁殖一般在秋季和春季进行,扦插苗圃要注意加强水肥管理,以获得健壮的香椿枝条扦插幼苗。

(2) 树苗的移栽和定植　香椿树苗的移栽和定植一般在秋季或春季进行。其移栽和定植方式与普通苗木较为类似。菜用香椿生产时香椿株数和栽植用地需有一定规模,要注意香椿树苗的株行距,通常株行距均为 5~6 米即可。另外,在移栽和定植过程中,要加强水肥管理,施足底肥,浇透水。

(3) 田间管理　菜用香椿栽培管理主要有中耕除草、浇水、施肥,以及每年要进行修剪等。施肥要在树根周围施入一定比例的农家肥。香椿修剪一般要注意以下几点:一是修小枝,修剪时要从基部剪断。二是抑大枝,修剪香椿大枝时,要在大枝上保留一定数目的芽,使之发育成中枝。三是留中枝,中枝对于香椿的生产很重要,修剪中要保留中枝。修剪香椿时还需要注意整体的株型,使香椿各部分枝条都有较为充裕的发育生长空间,以增加香椿的产量。

2. 矮化密植栽培技术

香椿树植株高大,给菜用香椿栽培过程中的管理和采收都带来了很大的问题,同时也不利于菜用香椿的高产和稳产。生产上,菜用香椿通常也会采用矮化密植的方式来增加单位面积上香椿的株数,增加产量。菜用香椿矮化密植栽培技术就是通过控制香椿植株的株型和植株的高度,采用密植的方式进行生产。矮化密植的香椿树侧枝多、枝条密集、植株矮化,生产过程中加强水肥管理,能够获得高产优质的菜用香椿。菜用香椿矮化密植栽培技术分为露地栽培和保护地设施栽培两种,香椿矮化密植栽培技术需要香椿幼苗的数量大,通常采用种子繁殖来获得较大数量的香椿苗。

小贴士

香椿生长栽培中使用育苗移栽可以保证移栽的香椿幼苗整齐一致,便于香椿生长过程中的管理,以及节约土地。

(1) 种子采集和幼苗培育

① **种子的采集**:菜用香椿生产栽培上,一般选用红椿作为栽培材料,自然生长的红椿树10年左右就能够开花结果,可以采收其种子。对于拟采收种子的香椿树,本年度不采摘椿芽,以免导致开花结果数量下降。每棵健壮生长的香椿树可以采收香椿种子0.2～1.0千克。香椿种子千粒重8克左右,每千克种子数量约为10万粒。新采收的香椿种子发芽率较高,可达80％～90％,陈年种子的发芽率较低,一般只有40％。

② **苗圃的准备与播种**:香椿栽培生产,一般在开春后(3—4月)完成播种,设施栽培条件,也可以提前到2月进行播种。香椿种子萌发和幼苗的生长,对苗圃的要求较高,苗圃的水分、养分、土壤的通气性均要较好,应选用向阳、背风、土壤肥沃、土质疏松、水分适宜的田块。

选用发芽率高的香椿种子进行播种,一般使用新采收的香椿种子,每亩香椿苗圃用种量2～3千克。香椿种子小、种皮坚硬,而且由于种子外面包裹一层蜡质,吸水较难,生产上采用浸种催芽的方式可以大大加快香椿种子的发芽和出苗速度,时间上能够提早5～10天,保证出苗整齐。可以先使用25～30℃的温水将香椿种子浸泡24小时,然后搓去种子的蜡质,经过清水漂洗干净后,置于25℃条件下催芽。香椿种子有1/3露白时,就可以进行播种。香椿种子播种行距为30厘米,播种小沟深度为4厘米,将催芽的种子均匀播入沟内,盖土后浇水,也可以加盖黑色遮阳网。

③ **幼苗的苗期管理**:香椿幼苗的苗期管理主要有揭膜浇水、间苗、中耕除草、肥水管理等。通常情况下,香椿幼苗在播种后7～10天出苗,有1/3香椿幼苗出土时揭去覆盖物,同时注意及时补充水分,可以使用小喷壶或者雾化喷雾器进行喷洒。香椿幼苗长至10厘米高时,要及时进行间苗,间苗要留强去弱,留粗去细。香椿苗圃的种苗密度可以保持在每亩9 000株左右。另外,间除的香椿幼苗也可以移栽于新的苗圃中,以增加香椿的种苗数量。在香椿苗圃幼苗的生长期间,要控制杂草,必要时可以进行浅中耕。香椿苗圃中的肥水管理很重要,干旱时及时浇水或灌溉,雨季要做好防涝,及时排水。生长期间根据香椿幼苗生长情况及时施肥。6月份是香椿幼苗的快速生长期,可以每亩施加尿素和过磷酸钙各25千克,7月份每亩可以施用尿素10千克、硫酸钾25千克。

(2) 树苗移栽和田间管理　菜用香椿生产上,幼苗苗高达到 50～60 厘米时就可以进行移栽定植,也就是将香椿幼苗从育苗圃中移栽到香椿种植田块。

> **小贴士**
>
> 　　菜用香椿生产的树苗移栽需要做好以下几项工作:香椿生产栽培田块的整理,定植时期和定植密度的把握以及水肥管理。

① **树苗移栽**:菜用香椿的移栽定植通常在秋季和春季进行,此时香椿树苗处于休眠期。幼苗需带土移栽,定植的株行距分别为 20 厘米和 50 厘米,定植密度通常为 400～600 株/亩。

香椿生产栽培田块一般选择向阳背风的缓坡地或是相关农业生产田块,要求土质疏松肥沃,灌溉条件较好。栽植香椿树苗时可以每亩撒施腐熟农家肥 3 000 千克,深耕平整后做成平畦待定植。香椿定植时,要注意加强水肥管理,保证香椿幼苗的成活率。

② **田间管理**:菜用香椿矮化密植栽培生产的田间管理主要涉及以下 4 个方面:水肥管理、矮化整形、疏株整枝、适时采收。

● **水肥管理**:菜用香椿矮化密植栽培生产过程中要注意加强水肥管理,每次香椿芽采摘后可以施用 1 次肥料。通常每次可以施用人畜粪肥,也可以施用复合肥。施肥量一般为每亩 60 千克,施肥后浇 1 次透水。秋季香椿树落叶后,为了促进第二年香椿树萌发新枝芽,应施足 1 次农家肥。

● **矮化整形**:菜用香椿生长栽培过程中的矮化整形非常重要,是保证单位面积内香椿芽产量的重要因素,香椿树的矮化整形大大提高了香椿生产、栽培、管理和采收的便利性。香椿树的矮化整形就是控制香椿树的株高,即控制主干高度,增加侧枝数目。矮化是香椿丰产的关键因素之一。香椿树的修剪可以在每年的 5 月下旬至 6 月中旬进行。目前经过一些植物生长调节剂(多效唑、矮壮素等)处理也能够起到控制植株高度的作用,但要科学使用各类植物生长调节剂,做到少用、慎用。

● **疏株整枝**:菜用香椿栽培过程中,随着香椿树的进一步生长,会出现香椿树枝条丛生的情况,导致香椿种植地块通风不畅、透光不良。为了保证香椿栽植田块合理的种植结构,减少瘦弱嫩芽的比例,提高香椿芽的品质,要对香椿树进行疏株整枝。通常隔行、隔株疏去过密香椿植株,剪除过密的香椿枝条,尤其是生长部位不当的枝条、细枝和弱枝。疏株整枝要注意不能力度过大,以免导致产量降低过大。

对于一些年老的香椿树枝条,往往会光裸无芽或抽枝力弱,导致香椿芽产量降低,品质下降,因此需要及时更新。通常是对枝条年龄大于 3 年的老枝进行更新。更新的方法是将老枝条从 20～30 厘米处剪断,以促进新生枝条的发生。

《第三节 菜用香椿的采收、食用与加工》

一、菜用香椿的采收

香椿的采收是菜用香椿生产栽培中一个重要的环节,在定植后第二年就可以开始。香椿幼芽的采收长度通常为 10～20 厘米,采收 3 次,采收时要注意保留 1～2 个香椿树干顶端的顶芽。香椿幼芽采摘时应选取紫红色的芽。采摘方式上,可以采摘整个顶芽,亦可连续不断采摘嫩叶,保留顶芽,这样可以增加产量。采摘后的香椿芽和嫩叶,要注意摆放,避免嫩芽萎蔫而降低品质。

1. 采收香椿芽

香椿菜用春芽的采收时期一般在 3 月中旬至 4 月下旬,生产上,以谷雨节气前采收为好。经过选育,夏季、秋季也可进行香椿生产和采收。当香椿芽长至 10～20 厘米时,其颜色呈紫红色,用手直接将整个香椿芽掰下即可。采收香椿芽应在上午露水未干时进行,采收后将香椿芽按照一定数量进行捆把。

小贴士

采用菜用香椿矮化密植的生产方式,一般每年可以采摘香椿芽 4～5 次。通常是先采摘顶芽,后采摘侧芽。香椿芽通常每隔 25 天左右采摘 1 次。设施栽培的香椿,由于温室中温度相对较高,能够提早进行香椿芽的采摘和上市。

2. 采收香椿嫩叶

在香椿芽开始萌动时,用洁净、无毒的塑料袋套住香椿枝头,当香椿芽长至 10 厘米时,轻取套袋,用剪刀剪取香椿芽的嫩叶。通常可以连续采收香椿嫩叶 3～4 次,香椿嫩叶的产量较直接采摘香椿芽增加近一倍。

小贴士

采收香椿嫩叶时要注意保护好香椿芽头,采收完成后再将香椿芽头套袋绑好,使香椿芽继续生长,直至新的香椿嫩叶长成,再次采收。

二、菜用香椿的保鲜

菜用香椿的嫩芽或嫩叶采收后要及时进行销售或食用。当天或 1～2 天内不能及时出售时,为了避免菜用香椿的品质下降,可将其嫩芽或嫩叶放置在清洁、阴暗、通风的环境中,平放的厚度不能大于 10 厘米。保存过程中要喷水保湿,喷水不能过多也不能过少,以香椿芽或香椿叶不萎蔫即可,并及时出售或进行下一步的加工。

温度偏高时,也可以将新鲜采收的香椿芽或香椿嫩叶立即放入盛有 3～4 厘米清水的容器内,并将香椿芽或香椿嫩叶捆成把直立放置。放置的过程中注意香椿基部的清水浸泡时间不能大于 24 小时,还应及时换水,该方法能够使香椿芽在 3～5 天内保持较好的品质。

三、菜用香椿的贮藏

菜用香椿的嫩芽或嫩叶采收后,采用低温保鲜的方法可以短期内贮藏。较长时间的贮藏需要低温(温度控制在 0～1 ℃),同时可以使用保鲜剂来延长贮藏时间,常用的保鲜剂有 6 -苄基嘌呤、托布津等。贮藏前对香椿芽均匀喷保鲜药液,然后装入塑料袋中,并扎紧口,可保鲜 60 天左右,但是要注意食品保鲜剂的规范使用。

四、香椿的食用与加工

香椿的食用部位主要为春季初生的嫩芽和嫩枝叶。菜用香椿具有质地脆、气味芳香、营养丰富等特点,是一种非常有特色的野生蔬菜。香椿作为野生蔬菜还具有非常好的调味作用,能帮助消化、增进食欲。香椿作为蔬菜食用老少皆宜,通常有拌、炒、炸、烧汤、做馅、腌制、干制等方法。

第三章

野生韭菜

《第一节　野生韭菜的概述》

野生韭菜(*Allium japonicurn* Regel),为百合科(Liliaceae)葱属(*Allium*)多年生草本植物。野生韭菜又名山野韭菜、岩葱等。在我国分布较为广泛,各地均有分布,多在山林、坡地生长,喜温暖、潮湿和稍阴的环境。野生韭菜富含多种营养元素,具有很高的营养价值。野生韭菜还具有补肾益阳、健胃提神、调整脏腑、理气降逆、暖胃除湿、散血行癖和解毒等作用,有较为广泛的用途。野生韭菜可以炒食,也可以做汤,或做馅使用。人们常将野生韭菜与鱼一起做汤,具有味道鲜美的特点。

一、野生韭菜的形态特征

野生韭菜的根系为须根系,弦状根,分布较浅。野生韭菜具根状茎,鳞茎狭圆锥形,通常外皮膜质为白色(有些为紫红色),内皮层为白色及嫩黄色。野生韭菜叶基生,叶片通常呈条形至宽条形,叶片长度一般能够达到30～40厘米,宽度能够达到1.5～2.5厘米。野生韭菜叶片通常呈黄色至绿色,具明显中脉,而部分细叶野生韭菜的中脉不明显,叶片肉质,叶背突起。

野生韭菜于夏秋抽出花薹,通常呈圆柱状或略呈三棱状,花薹高度能够达到20～50厘米,下部披叶鞘。野生韭菜花薹的花序顶生,近球形,花密集;小花梗纤细,薹茎等长,长8～20毫米。野生韭菜的花一般为白色或紫红色,花披针形至长三角状条形,内外轮等长,长4～7毫米,宽1～2毫米,先端渐尖或呈不等的浅裂。野生韭菜的果实为蒴果,倒卵形,成熟的种子呈黑色。

二、野生韭菜的生境及分布

野生韭菜通常在潮湿的山林、坡地生长。野生韭菜对温度的要求不高,在低洼、潮湿、

肥沃的田头、地边,以及沟渠和湿地的长势良好。野生韭菜的适应性、生命力很强,生长旺盛,在我国海拔 2 000 米以下地区均可生长。野生韭菜一生病虫害很少,通常为根类病害,野生条件下不施用农药也能生长很好。人工引种栽培时,管理不当、栽培条件不适,往往会导致野生韭菜根类病害发生较为严重。

三、野生韭菜的营养成分

野生韭菜的营养非常丰富。野生韭菜的嫩茎和嫩叶中含有多种蛋白质、碳水化合物、脂肪、胡萝卜素、维生素 B_1、维生素 B_2、烟酸、维生素 C、钙、磷和铁等成分,膳食纤维的含量也很丰富。此外,野生韭菜还含有较为丰富的蒜素和苷类等物质。据测定,野生韭菜嫩叶中,含有 85% 的水分、3.7% 的蛋白质、3% 的碳水化合物、0.9% 的脂肪。

四、野生韭菜的药用价值

现代医学研究证实,野生韭菜富含膳食纤维,对促进肠蠕动、通便等具有较好的作用。野生韭菜的膳食纤维还能与人体肠道内的胆固醇结合,促进胆固醇的排出,具有降低胆固醇的功效。野生韭菜性温,味辛,具有温中行气、散血解毒、补肾益阳、健胃提神、调整脏腑、理气降逆、暖胃除湿的功效,可用于人体的机体调理。

野生韭菜通常带有特殊的香气,主要由其挥发的精油及特殊的硫化物所产生。野生韭菜所含有的这些特殊物质,对缓解高血压症及冠心病有一定的帮助,具有良好的降血脂、扩张血管的作用。研究还证实,野生韭菜对多种致病微生物,如葡萄球菌、痢疾杆菌、伤寒杆菌、大肠杆菌、绿脓杆菌等具有一定的抵制作用。但是对于一些阴虚火旺、疮疡目疾、消化不良的人群,野生韭菜要少食或不食。

第二节　野生韭菜的人工栽培技术

一、野生韭菜的繁殖

自然条件下,野生韭菜通常不能正常形成大量的种子。因此,野生韭菜栽培上主要采用分株繁殖的方式进行。通常,当野生韭菜植株具有 2~3 个或以上分株苗时即可分株移栽。野生韭菜生产上,定植的株行距可以为(20~30)厘米×(20~30)厘米,分株定植后要及时浇水。

二、野生韭菜的栽培

1. 栽培前准备

野生韭菜的根系分布相对较浅,主要分布于距离地表 10~20 厘米的位置。野生韭菜地上部分的长势较为旺盛。栽培时,宜选择较为疏松、土壤肥沃,且保水能力较强的地块。

野生韭菜种植前,要提前对地块进行深翻,并施足有机肥。生产上,可以亩施腐熟有机肥 1 500～2 000 千克、复合肥 50 千克。可以挖沟条施,也可以采用旋耕机将有机肥和复合肥与泥土进行旋耕混匀。

2. 田间管理

野生韭菜是喜阴植物,对强光较为敏感,强光照条件下,植株长势会减弱,产量也会下降,同时会严重影响野生韭菜的品质。长时间强光直射还会直接导致野生韭菜死亡。生产栽培上,野生韭菜定植后可以采用 50% 遮光率的遮阳网覆盖遮阴,以降低光照对野生韭菜生长的影响;同时要注意及时补充水分,保持土壤湿润,保持田间持水量在 70% 以上。

野生韭菜栽培另外一个重要的田间管理是施肥,可以结合浇水分次进行追肥。生产上多以速效性氮肥为主,例如,可以每亩追施尿素 10 千克或复合肥 10～15 千克,在每次收割后都要及时进行追肥。野生韭菜根系具有逐年向上生长的特性,即"跳根",因此在栽培上,若多年栽培野生韭菜,则要每年进行覆土,覆土的厚度由根系逐年上移的高度确定,一般以 5～10 厘米为宜。同时,为保证野生韭菜产品质量和产量,每季还要追施有机肥,每亩可以追施 500～1 000 千克的腐熟有机肥。

第三节　野生韭菜的采收、食用与加工

一、野生韭菜的采收

采收野生韭菜一般以嫩叶为主,当整个采收田块的野生韭菜大部分植株的叶片长至可采收大小时,应该及时进行采收。正常采收的野生韭菜嫩叶质量较高,而过了正常采收时期的野生韭菜,其叶片的粗纤维含量会随着时间的延迟逐渐上升,造成野生韭菜口感下降。生产上,野生韭菜采收如果过早,虽然对品质影响较小,但是会对产量造成较大的影响。因此野生韭菜生产栽培上,控制好采收时期非常重要,不仅可以提高野生韭菜的品质,还能够尽可能地保证其产量。

野生韭菜进入收获期后,一般每隔 20～30 天即可采收 1 次。为了保证野生韭菜的可持续采收,割取野生韭菜时应在离地面 1～2 厘米处的叶片基部用锋利的刀割取,易于后期生长。野生韭菜的产量较高,每亩可产嫩叶 2 000～3 000 千克。

野生韭菜收获花薹,应在花苞尚未开放之前及时采收。采收时应用手掰开,不宜用指甲进行采摘,每亩可产野生韭菜花薹 800～1 000 千克。野生韭菜的花及薹可分开食用,花可以用腌制方法进行食用,也可以加工成花酱食用,薹食用上和蒜薹食用类似,均具有

非常高的食用价值。

二、野生韭菜的加工

野生韭菜是我国蒙古族民间食用非常广泛的野生蔬菜之一。中国中央电视台出品的《舌尖上的中国》(第二季)中所介绍的内蒙古美食——新鲜野生韭菜花酱,将这一特色的美味佳肴展示给了全国的观众,野生韭菜花酱也成为一种家喻户晓的中华美食。野生韭菜花酱的主要加工流程并不复杂,由以下几个主要的步骤组成:采集→晾晒→洗净→粉碎→调味→贮存。

采集野生韭菜的花,获得加工野生韭菜花酱的原料。晾晒的过程主要是为了除去野生韭菜花序中的各类小昆虫,并降低野生韭菜花序的水分含量。然后将用清水洗净的野生韭菜花用臼杵或碾子粉碎。再根据口味加入适量食盐或熟酸奶,把调制好的野生韭菜花酱装在容器中贮存备用即可。

三、野生韭菜的贮藏

野生韭菜的食用部分主要为柔嫩的叶。野生韭菜收获后较易发生萎蔫、黄化,保鲜较难,保存不当还会发生腐烂。野生韭菜是多年生植物,即使在我国的北方地区,除冬季地上部分凋萎,生长基本停止外,其余季节都可生长,达到商品性状时,可以随时进行采收。因此,野生韭菜的贮藏时间一般较短。

另外,野生韭菜不耐贮藏,较易腐烂。短时间的临时存放可以装筐后放置于阴凉湿润处,忌风吹、日晒、雨淋。有条件的时候,也可以将野生韭菜产品扎成小捆,放入筐或箱中进行低温保存,待野生韭菜产品温度降到0℃时,用食品级的薄膜包装,然后在库温为0～2℃、空气相对湿度在90%左右的条件下进行贮藏,贮藏期也仅在15天左右。

第四章

野　菊

《第一节　野菊的概述》

野菊（*Chrysanthemum indicum* L.），为菊科（Asteraceae）菊属（*Chrysanthemum*）多年生草本植物。野菊又称野菊花、野黄菊、苦薏等，常见于山坡草地、田边路旁。野菊外形与菊花相似，花为头状花序，以色黄无梗、花型完整、带有淡香的未全开花为佳。野菊花味苦、略辛，具有良好的清热解毒功效，对于缓解咽喉肿痛、风火赤眼、头痛眩晕等病症有重要帮助，野菊还具有较好的降压效果。

一、野菊的形态特征

野菊为草本植物，高度可达 25～100 厘米。野菊根系和分枝多且发达，地下匍匐枝有长有短。野菊的茎直立或基部铺展。野菊的基生叶脱落，茎生叶呈卵形或长圆状卵形，上部叶逐渐变小，叶片上有腺体及柔毛，野菊叶的基部渐狭成具翅的叶柄。

野菊的花为头状花序，花序的直径为 2.5～5.0 厘米，其舌状花通常呈黄色，花期为9—10 月。

二、野菊的生境及分布

野菊分布较为广泛，在我国东北、西北、华北、华东、西南等地区均有分布，主要分布于吉林、辽宁、甘肃、青海、新疆、河北、山西、陕西、浙江、江西、山东、江苏、湖北、四川、云南等地。野菊通常生长于山坡、河谷、河岸、湿地等荒地上。

三、野菊的营养成分

野菊具有较高的营养和食用价值，含有丰富的嘌呤、胆碱、挥发油、黄酮类化合物等成分，菊苷含量丰富。此外，野菊还含有丰富的氨基酸、维生素和微量元素等。幼嫩的野菊，其茎叶可供食用,具有特殊的艾草风味,广受中老年消费者喜爱。野菊花可用于炖肉、煮粥等食疗。

四、野菊的药用价值

在明朝《本草纲目》中,李时珍称野菊具有"利五脉、调四肢,治头风热、脑骨肿痛、养目血、去臀膜、主肝气不足"的功效。现代医学研究证实,野菊及野菊花中含有丰富的药用成分,例如菊苷、黄酮类、嘌呤、胆碱、维生素、叶绿素、挥发油等,还含有丰富的蛋白质、氨基酸、糖类、酯类等。野菊花还具有较好的抗菌和抗病毒能力,对大肠杆菌、金黄色葡萄球菌、链球菌等有良好的抑制作用。

野菊对缓解多种疾病具有一定的功效,可缓解风热感冒、头痛头昏、心胸烦热、咽喉肿痛、眩晕耳鸣、流行性感冒等引起的不适。野菊具有散风清热、消炎解毒、平肝明目、祛痰止咳、理气止痛、凉血止血等功效。另外,野菊可缓解高血压带来的不适感,还可用于改善高血脂、偏头痛、冠心病等。

第二节　野菊的人工栽培技术

一、野菊的繁殖

野菊的育种研究工作可以以种子繁殖,而野菊生产上多用无性繁殖,以顶芽扦插繁殖为主。野菊的扦插繁殖方法操作简便易行,能够在较短的时间内获得较多的野菊种苗来供野菊种植者使用。由于是无性繁殖,野菊的扦插繁殖很好地保留了原有品种的良好特性。营养繁殖的方法有多种,生产中常用的有分根、扦插、分株、嫁接、压条、组织培养等方法,而野菊常以分根、扦插、压条应用较多。

1. 分根繁殖

分根繁殖时,在收割野菊的田间,应预先将选好的种菊苗用秸秆或者保温袋盖好,以便野菊能够安全过冬,同时也可以防止冻害影响野菊分根繁殖时的成活率。翌年的4月下旬到5月中旬,野菊发出新芽时便可进行分株移栽,分株时将野菊全根挖出,去掉根部的泥土,注意此时不能动作过大,以免对野菊根造成伤害。分根时,将野菊苗分开,使每株野菊苗均带有白根。为提高野菊分根繁殖的成活率,应将过长的野菊根以及野菊苗的顶端去掉,通常野菊根保留6~7厘米,地上部分保留16厘米即可。野菊分根移栽时,株行距以30厘米×40厘米为宜,每穴可栽1~2株野菊。

2. 扦插繁殖

根据不同野菊的品种特性和各地的气候条件,确定适当的扦插繁殖时间。野菊扦插繁殖时,应选取无病虫害、健壮的新枝作为扦插条,扦插条截取的长度为 10～13 厘米。野菊扦插用苗床地要平坦,土壤不宜过干或过湿,以沙壤土及泥土为主,土温以 15～18 ℃为宜。野菊扦插时,先将野菊的插条自下端向上截去 5～7 厘米以提高成活率,上部叶子保留两片即可。去叶时,注意不要去除枝条上的芽,然后将插条插入土中 5～7 厘米即可,插条顶端露出土面 3 厘米左右。扦插后,要及时浇透水,以后每天用洒水壶洒 1～2 次水,同时覆盖一层透明塑料薄膜(或稻草),通常野菊扦插后约 2 周生根。

小贴士

目前,栽培上一般采用条播的方式进行野菊的扦插繁殖,方法为:先开好沟,然后将事先准备好的野菊枝条,按照一定密度(以花为采收对象的密度可以适当大些,以野菊嫩茎叶为采收对象的,密度应进一步加大)摆放于沟内,摆好后,进行覆土,再浇水即可。

3. 压条繁殖

野菊的压条繁殖应选在阴雨天进行。野菊的第一次压条繁殖在小暑前后(7 月上旬),先把野菊的枝条压倒,然后每隔 10 厘米用湿泥盖实,同时打去顶芽,使叶腋处抽出野菊新枝;野菊的第二次压条繁殖在大暑前后(7 月下旬),把新抽的野菊枝条压倒,方法同第一次,并追施腐熟的人畜粪肥 1 次,在处暑(8 月下旬)打去顶芽。

二、野菊的栽培

1. 野菊的生长习性

野菊为短日照植物,生产栽培上,为实现周年生产野菊的目的,可以通过补光以增加或延长日长,遮光以降低或缩短日长,来满足野菊对光照的要求。

生产栽培上,野菊种植户要详细记录野菊种植中各项重要农事,例如定植日期、定植苗龄、施肥种类和时间、光照控制等。以野菊为采收对象栽培时,应该适当延长光照时间,抑制野菊的花芽分化,同时也要注意野菊顶端优势的控制,使野菊产量提高。而以野菊花为采收对象栽培时,除了前期营养生长要满足长光照外,还应控制光照时间,及时进行遮光处理,促进其长出饱满的花芽,生产出高质量的野菊花。

2. 定植

生产栽培上,野菊定植的株距以每个野菊花茎有 120～180 厘米^2 的空间为宜。若以嫩茎叶为食用器官,则其栽培密度应加大一倍,采用条播的方式种植。野菊定植前,底肥要施足。

三、野菊的病虫害防治

小贴士

野菊生产上要加强肥水管理，并注意防治病虫害。

野菊病害种类较多，常见的有十余种，主要有茎腐病、萎凋病、炭疽病、黑斑病、黑锈病、灰霉病、菌核病及细菌性软腐病等。其中一些系统性病害，如萎凋病、茎腐病、菌核病及细菌性软腐病，发病严重时会造成野菊植株的全株腐烂死亡，严重威胁野菊的生产。此外，野菊栽植季节，野生环境下，菊科植物较多，为害虫和害螨提供了充足的养料与栖所，也为完整的发病循环提供了可能。

野菊生产中，害虫或害螨的虫害也较易发生，其中主要的害虫有蚜虫类、蓟马类、斜纹夜蛾、甜菜夜蛾、番茄夜蛾和二点叶螨等。

野菊生产中，杂草也是危害野菊产量和品质的一个重要因素。杂草的危害与野菊的栽培方式、密度、种植时期和环境因素有较为密切的关系。杂草对野菊生长的水分、养分、光线等有竞争，同时杂草也不利于在野菊生产中开展田间管理作业。

第三节　野菊的采收、食用与加工

野菊的花除具有较高的观赏价值外，还具有良好的保健功效，是一种药食兼优的野生蔬菜。生产上，不仅可以采收野菊的花，也可以采收野菊的嫩茎叶直接鲜食。采收和贮藏野菊的花，可以在秋季野菊开花盛期，分批采收，鲜用或晒干均可。

野菊的花主要有以下几种食用方式：野菊花酒、野菊花茶、野菊花粥、野菊花糕、野菊花羹等。野菊花酒是由野菊花加糯米、酒曲酿制而成的，味美甘甜，具有养肝、明目、健脑、延缓衰老等多种功效；野菊花茶是用野菊花干制成的茶，气味独特，带有野菊特有的芳香，能生津、祛风、消暑、润喉等；野菊花粥是用野菊花与米熬煮成的粥，能够清心、除烦、去燥；野菊花糕，即在制作糕点时，添加野菊花蒸制成糕，具有良好的食疗效果，能够清凉去火；野菊花羹，即银耳或莲子熬煮成羹时，添加适量的野菊花，也有较好的食疗功效。

第五章

薄 荷

《第一节　薄荷的概述》

薄荷（*Mentha haplocalyx* Briq.），为唇形科（Lamiaceae）薄荷属（*Mentha*）多年生宿根草本植物，别名野薄荷、夜息香，本属约有 30 个种，其中我国分布广泛，约有 12 个种。

薄荷被较为广泛地用于香料、食品和化妆品等领域，在我国是一种具有特种药用价值的经济作物，其干燥的地上部分还可入药。薄荷味辛性凉，具有多种功效，能疏散风热、清利头目。薄荷叶可以用于缓解风热感冒、咽痛、头痛目、口疮、风疹等症状。薄荷中特有的薄荷油是我国一种重要的出口创汇商品，在国际享有较高的声誉。薄荷的叶片也可作蔬菜食用，特别在去除异味、增加汤汁美味等方面使用广泛。

一、薄荷的形态特征

薄荷的根系较为发达，通常能够深入土层近 30 厘米，而大多数的薄荷根系分布于深 20 厘米左右的表土层。薄荷的茎直立，呈锐四棱柱，高 60～130 厘米。薄荷的茎多分枝，茎的上部有一层柔毛，下部柔毛较少，仅棱上有一些分布。

薄荷的叶片对生，呈卵圆形、长椭圆形、圆状披针形等形态，其长度通常为 3～5 厘米，宽度为 0.8～3.0 厘米，先端呈锐尖状。薄荷叶两面沿叶脉通常密被柔毛。

薄荷的花属轮伞花序，唇形，腋生，呈球形轮廓。薄荷花的花冠颜色较为丰富，淡紫色、淡粉红色、粉白色或乳白色多见。薄荷的花期一般在 7—9 月，果期一般在 10 月。

二、薄荷的生境及分布

温暖而湿润的气候对薄荷生长有利，阳光充足、雨量充沛的环境条件下薄荷长势良好。薄荷以生长在疏松、肥沃、排水良好的沙壤土为宜。

欧洲地中海以及西亚一带是盛产薄荷的地区。目前薄荷的产地有美国、意大利、西班牙、法国、英国等国家和地区,我国也有一些地方种植薄荷,主要在江苏、浙江、河南、安徽、江西等省。

三、薄荷的营养成分

薄荷含有丰富的营养成分,胡萝卜素、维生素含量丰富,蛋白质、脂肪、糖类及多种矿物质元素含量也较高。薄荷中还含有由薄荷醇、薄荷酮等组成的薄荷油,其含量可达1%～3%。

四、薄荷的药用价值

薄荷有较高的药用价值,具有疏散风热、清利头目的作用。薄荷味辛性凉,能上清头目,下疏肝气,可用于缓解头风、头痛、口齿疾病,也可以用于改善小儿惊热。

《第二节 薄荷的人工栽培技术》

一、薄荷的繁殖

生产上,薄荷主要以根茎为繁殖材料,也有用种子播种的繁殖方法。

1. 种子繁殖

生产上,每年 3—4 月期间,预先准备好薄荷播种的苗床,将薄荷种子与适量的干土或草木灰混匀,然后播种到准备好的苗床中,覆土 2 厘米厚,上面再覆盖稻草。薄荷播种后要及时浇水。通常播种 20 天左右,薄荷种子会出苗。使用薄荷种子繁殖的幼苗生长较为缓慢,而且薄荷种子繁殖出来的薄荷苗性状不一,生产上采用不多。

2. 无性繁殖

薄荷生产中的无性繁殖方式主要有扦插繁殖、分株繁殖、根茎繁殖 3 种。

(1) 扦插繁殖 薄荷的扦插繁殖可以在每年的 5—6 月进行。首先收集薄荷的老茎,将茎枝剪成 10 厘米左右的插条,然后按照株行距 7 厘米×3 厘米的标准,将薄荷的插条插入整理好的苗床上,插条入土 1/2～2/3 即可(入土部分要含有茎节,利于生根)。薄荷扦插后要及时适量地灌水,同时适当遮阴和保持土壤湿润。薄荷插条生根发芽后,移栽到生产大田。

(2) 分株繁殖 薄荷的分株繁殖又叫薄荷的移苗繁殖法。当薄荷幼苗高 15 厘米左右时,对薄荷生产田块进行间苗和补苗,利用间出的薄荷幼苗进行分株移栽。

(3) 根茎繁殖 薄荷的根茎繁殖是利用薄荷的地下根茎作为繁殖材料进行繁殖的方

式,通常在每年的 4 月下旬或 8 月下旬进行。薄荷的根茎繁殖应选择无病虫害、生长健壮的薄荷植株作母株,按株行距 20 厘米×10 厘米进行栽植。初冬收割薄荷地上茎叶后,将薄荷的根茎留在原地作为来年继续生产的种株。一般每亩薄荷的根茎可供 5~6 亩大田种植使用。

二、薄荷的栽培

薄荷生产栽培过程中,为了获得高品质和高产的薄荷产品,需要加强对薄荷生产的田间管理。主要有以下几个方面:

1. 选地整地

薄荷的生产对土壤要求并不是很高,一般土壤均可进行薄荷的栽培。为了更好地进行薄荷栽培生产,通常选择地势较为平坦、排水灌溉条件良好、土质疏松且肥沃的壤土或沙壤土田块为宜。

选好种植田块后,应于秋季对薄荷种植田块进行深耕、耙平、做畦。为了方便排灌,薄荷生产用地通常做成 2~3 米宽的畦,同时开好排灌水沟。

2. 施足基肥

薄荷生产上要求施足基肥,每亩施入厩肥 2 500~3 000 千克,同时要注意增施磷肥50 千克作为基肥。

3. 除杂保纯、匀密补稀

薄荷苗期要注意除杂保纯、匀密补稀,以薄荷栽培品种能够较好地结籽,种子落地后易重新发芽长出新的薄荷植株为宜。另外,薄荷是一种杂合性较高、易于发生芽变的植物,芽变容易导致薄荷的品种纯度下降,进而影响薄荷的产量与质量。

为了增加薄荷的产量,提高薄荷的品质,田间留苗时需要保持一定的密度。如果密度过大,薄荷植株分枝的下部叶片较易脱落;密度过小,导致薄荷基本苗不足,产量会受到较大程度的影响。因此,薄荷生产中需要做好薄荷苗的匀密补稀工作,一般头茬每亩留薄荷苗 2.5 万株左右,株距 10~13 厘米。薄荷头茬割后二茬留苗可提高至 5 万株左右。

4. 中耕除草,合理追肥

根茎繁殖的薄荷,当苗高约 9 厘米时,或栽植的幼苗成活后,进行第一次中耕除草,在植株封垄前进行第二次中耕除草。由于薄荷为浅根作物,中耕除草应以浅耕为主,中耕时可进行施肥,使薄荷尽快封垄,抑制杂草生长。7 月份第一次收获后,应及时进行第三次中耕,可略深些,并除去部分根茎,使其不致过密;9 月份再除草 1 次,但不进行中耕;10 月份第二次收获后,进行第四次中耕,并除去部分根茎。采收应及时,不宜使薄荷茎生长过长,使之倒伏,同时也要防止薄荷开花结籽。在开花后将要结籽期间,割除地上的茎叶。

施肥时,应适时适量多次追肥,生长前期,以氮肥为主,促进植株茎叶生长旺盛;适时增施钾肥,以利于根茎粗壮。

5. 排水防渍,灌水防旱

薄荷生长过程中,要注意加强水分管理,做好排水防渍、灌水防旱等工作。尤其是在多雨季节,要做好排水,应提前清理疏通排水沟,防止薄荷生产田块积水影响薄荷植株的正常生长发育。干旱时,要及时适量灌溉,防止干旱造成薄荷生长受阻。薄荷生产过程中的灌溉可以与追肥结合进行,在夏季以早晨或夜间灌溉为宜。

6. 换茬

薄荷是宿根性植物,对土壤的肥力消耗较大,长期反复连作会造成薄荷的产量降低、品质下降,还会导致病虫害加重。应在种植薄荷2~3年后进行换茬,以防止薄荷连作带来的危害。薄荷可以与水稻、玉米等进行换茬轮作。

三、薄荷的病虫害防治

薄荷生产中,要加强病虫害的防治。锈病、斑枯病是薄荷主要的病害,通常会对薄荷的叶片产生较大的损害。可以使用400倍液的80%萎锈灵或800~1 000倍液的50%托布津进行防治,注意防治的间隔期和用药安全。虫害是薄荷生产中遇到的另一种危害,以小地老虎、银纹夜蛾和斜纹夜蛾危害为主。生产上可以使用阿维菌素进行防治,也可使用杀虫灯、糖醋等进行防治。

第三节 薄荷的采收、食用与加工

薄荷的主要食用部位为茎和叶。在食用上,薄荷既可作为调味剂,又可作为香料,还可配酒、泡茶、榨汁等。薄荷也可鲜食,如凉拌,亦可作为火锅配菜。

一、薄荷的采收与留种

1. 建立薄荷留种田,培育薄荷良种

薄荷特殊的气味主要来自薄荷油,薄荷油含量越高,则薄荷特殊的气味越浓,品质也越好。生产上,为了提供足量优质的薄荷良种种苗,要建立专用的薄荷留种田,并且要防止其他品种的薄荷与留种田中的薄荷植株混杂。自薄荷出苗开始,就要进行严格的薄荷幼苗去杂去劣工作,通常需要严格地拔除薄荷留种田中混入的其他薄荷植株。薄荷的去杂去劣要早要尽。

为了获得大量优质的薄荷种苗,要给予薄荷留种田比一般薄荷生产大田更加优越的条件。薄荷良种苗田栽培时,苗间隙应大些,以易于培育优质薄荷种苗。

2. 适时进行薄荷的采收

不同薄荷产区,薄荷的采收次数和采收时间不同。通常广东、广西地区的薄荷可以一年采收 3 次,分别在 6 月、7 月和 10 月,而其他地区一年可采收 2 次,分别在 7 月和 10 月。薄荷的采收一般在薄荷植株初花前或初花期进行。

二、薄荷的加工

薄荷采收后,要及时处理,可进行简单捆扎后,以薄荷鲜菜方式出售。

薄荷也可经干制处理后出售。薄荷的干制方法较为简单,薄荷收割后,将其先置于阴凉处阴干 2 天左右,然后可继续阴干或晒干。薄荷阴干或晒干的过程中,要根据其干燥程度进行翻动。同时要注意天气变化,防止雨水或露水对薄荷干制过程造成影响。

第六章

竹　笋

《第一节　竹笋的概述》

竹笋，为禾本科（Gramineae）竹亚科（Bambusoideae）多年生常绿植物，英文名为Bamboo shoot，是竹子初生的芽或鞭。竹笋肥嫩、短壮，含有丰富的营养，具有特殊的滋补功效。竹笋既可以鲜食，也可以进行深加工，以提高其附加值。竹笋的深加工产品种类较多，主要有笋干、水煮笋、调味笋、泡椒竹笋等。另外，有些笋壳还可作为牛马的饲料。随着人们生活水平的进一步提高，竹笋因营养丰富、味道鲜美等特点，市场需求量日益增大。

一、竹笋的形态特性

1. 竹笋的发生、生长

竹笋是竹子肥嫩、短壮的芽或鞭。有很多竹子种类没有竹鞭，通常将有竹鞭的竹子称为散生型竹，无竹鞭的竹子称为丛生型竹。竹笋的外表包着坚硬的笋壳，又称为笋箨，笋壳内部是鲜嫩的笋肉。竹笋在出土前，笋体生长非常缓慢，但是出土后其生长速度显著加快，竹笋迅速长高，同时竹笋中的纤维含量也快速增加，并逐渐丧失作为竹笋的商品性。

2. 竹笋的形态结构

将鲜嫩的竹笋纵向切开，可以发现竹笋的中部有许多横隔紧密重叠地排列。横隔就是将来竹子的节隔，横隔中间的部位就是竹子的节间。从竹笋的横隔数目可以判断竹竿的节数。在横隔周围的为笋肉，将来发育成竹竿的竿壁。笋箨是一种变态叶，包裹在笋肉的外周。竹笋中的笋肉、横隔，以及笋箨的柔嫩部分可供食用，味道鲜美。

3. 产竹笋的主要竹子种类

散生型竹种和丛生型竹种都可以作为笋用竹进行栽培生产。

　　毛竹、早竹、哺鸡竹等散生型竹的竹笋由位于地下竹鞭上的侧芽发育而来。竹鞭上的侧芽发育膨大,向上生长形成笋芽。竹子的种类不同,笋芽形成和发育的时期有先有后,同时竹笋的发育还受气候及土壤肥力影响。毛竹一般在夏末初秋开始形成笋芽,而早竹和哺鸡竹笋芽形成较晚。

　　丛生型竹基部节有多枚互生的大芽,麻竹和绿竹等丛生型竹种的竹笋直接由母竹基部的大芽萌发而成。

4. 竹笋与竹子地上部的关系

　　散生型的毛竹、早竹、哺鸡竹等竹子的竹笋从竹鞭上长出,因此鞭生竹笋后,竹笋经过生长发育长成竹,竹又养(生)鞭。丛生型的麻竹、绿竹等竹子的竹笋是由母竹竿基部的大芽发育而来的,竹笋和嫩竹发育所需养分均由竹笋所连母竹供应,形成了芽生笋、笋成竹、竹养(生)芽的循环。因此,竹笋的高产优质与竹子枝叶茂盛密切相关,它们之间的关系对竹笋和竹子的发育非常重要,需要控制好鞭、竹和芽,即竹子地上与地下部分之间的关系。

5. 竹的开花和成熟

　　绝大多数竹类植物属于多年生一次开花植物,竹子开花结籽是竹子植株生长发育过程中达到性成熟后的正常现象,竹子开花后植株会死亡,对于竹笋的生产非常不利。

　　竹子植株自身达到性成熟是竹子开花的内在因素。外界环境因素,如干旱或严寒、土壤瘠薄和病虫害严重等恶劣环境也会对竹子的开花和成熟产生较大的影响,通常会促进竹子的开花和成熟。竹笋生产上,需要加强对竹林的管理,合理进行竹林的养护,适当松土、灌溉、施肥,同时需要加强对病虫害的防治,这样可以延迟竹子的开花和成熟,提高竹林的经济效益。

二、竹笋的生境及分布

　　竹子种类繁多,在全世界范围内分布较广,主要分布于热带、亚热带和温带地区。目前竹子有150个属,1 200多种,中国及东南亚地区是竹的主要分布地区。我国是竹子的原产地,也是世界上竹子产量最多的国家,所具有的竹子种类非常丰富,大约有40个属,500多种。可作为食用笋的竹子种类达200种以上,其中部分种类品质优良,如分布于长江中下游地区的毛竹和早竹,珠江流域、台湾、福建等地的麻竹和绿竹等。

三、竹笋的营养成分

　　竹笋不仅口感好,而且营养丰富。研究证实竹笋富含多种营养成分,主要有蛋白质、氨基酸、糖类、脂肪,另含有丰富的胡萝卜素、多种维生素。此外竹笋还含有多种矿物质营养成分,如铁、钙、磷,是一种优良的保健蔬菜。

《第二节 竹笋的人工栽培技术》

一、竹笋的栽培

1. 环境条件

(1) 温度要求 竹笋喜温怕冷，主要产自我国南方地区。毛竹笋的最适生长年平均温度通常为 16～17 ℃，夏季最适平均温度在 30 ℃以下，而冬季最适平均温度在 4 ℃左右。绿竹笋和麻竹笋的最适生长年平均温度通常为 18～20 ℃，而 1 月份要求最适平均温度较高，应达到 10 ℃以上。

(2) 湿度要求 竹子一般要求较为湿润的生长环境，这主要是因为竹竿高大，枝叶茂盛，其蒸腾消耗的水分较大，同时竹子的根系相对较浅，导致竹子的抗旱能力较弱。竹子主要分布在年降雨量为 1 000～2 000 毫米的地区，不同竹子对水分的要求也不相同。

(3) 土壤营养条件 竹子的生长和竹笋发育还需要合适的土壤环境。通常土质疏松、肥沃、湿润、土层深厚的土壤易于竹子的生长和竹笋的生产。适宜竹子的生长和竹笋发育的土壤应偏酸性，以 pH 值 4.5～7.0 为宜。

2. 选地与整地

竹笋高产栽培对选地有一定的要求，宜选择土层深厚、肥沃疏松、排水良好的沙壤土或沙土，重黏土通常不适合做竹园。竹园选址后，要根据土壤情况，对土壤进行改良。另外，竹园还需要进行土地平整。

3. 挖坑放肥

竹园栽培用地平整好后，按株行距 4 米×5 米挖好栽植坑，丛生竹可适当加大株行距。栽培坑挖好后，可以让阳光曝晒 1 个月左右，再放入足量的基肥，基肥可以是腐熟堆肥或其他有机肥料。

4. 母竹的选取和育苗

生产上，竹园栽种用的种苗主要来源于母竹和竹枝。

(1) 母竹选取 母竹选取通常在定植 5 年左右的竹丛中进行，因为这母竹丛的生活力最强，最易移栽成活和发笋。还应注意从无病虫害、无开花的健壮竹丛中选取母竹，且主要选取幼竹。母竹苗的竿粗以中等偏上为好，但不宜过粗或过细，过粗则不宜成活，过细则长成商品性竹笋所需要的时间较长。

挖掘母竹时，要尽量保留支根和须根，母竹枝条上部保留 2～3 个分枝条即可，其余应除去，生产上可以在距离母竹 30～40 厘米处开始挖。母竹挖取的时间通常为清明前后 1

周内,以幼竹基部已有新根萌发时为宜。对于有竹鞭的竹子,挖取时应带上一小段竹鞭,易于成活。

(2)育苗 竹笋高产栽培中的育苗,也叫埋枝育苗,是利用丛生竹的主枝,或是粗壮侧枝的基部根点,在适当条件下繁殖新竹株的育苗办法。该方法适用的竹较少,且不易成活,栽培上不太使用。

5. 母竹的定植

竹笋高产栽培中,母竹一般在春季移栽定植。将母竹栽植在预先挖好的母竹栽植坑中后,要浇足定根水。定植深度一般丛生型竹深些,散生型竹要浅些,一般为母竹出土上部 5～15 厘米即可。

《 第三节 竹笋的采收、食用与加工 》

竹笋的采收有明显的季节性,竹笋的食用与普通蔬菜相比也有其特点。根据竹笋的可食性和结构特点,可以将竹笋主要分为三部分:笋壳,也就是包被笋体的外面部分,除部分嫩的笋壳可食用外,大部分笋壳不可食用;笋头,是竹笋中木质化较高的部分,由于较老,一般失去食用价值;笋肉,是竹笋中主要的可食用部分。

一、竹笋的采收

竹笋采收的时效性很强,不同阶段采收的竹笋品质和价格差距较大,生产上应根据不同的竹笋特点及时采收。通常在竹笋出土后,笋芽尖端捧叶已充分展开时就可采收。竹笋的割笋采收最好在早上进行。每次进行竹笋采收时,要注意保留一定数量的竹笋,以便这些竹笋进一步发育成竹子,使竹园得以更新发展,特别是第一年种植的新竹园不应采收。散生型竹在采摘时,空地上的竹笋应不采收,以便空地上产生足量的竹鞭,以促进竹园的健康发展,快速成林。

二、竹笋的加工

竹笋具有脆嫩爽口的特点,可以鲜吃,也可以加工成笋干,是人们喜爱的佳菜。

笋干的制作方法为:及时采收高质量的竹笋,去除木质化严重的笋肉及笋壳后,及时用水煮熟。对于体积较大的竹笋,可以先用刀将竹笋切割成一定体积的小块,再进行煮熟。竹笋煮熟后,及时捞出沥干,然后用冷清水浸泡,再沥干,最后晾干即可。

第七章

枸　杞

《 第一节　枸杞的概述 》

枸杞，为茄科（Solanaceae）枸杞属（*Lycium*）灌木植物，常见种类是中华枸杞（*Lycium chinense* Miller），而作为药用的种类主要为宁夏枸杞（*Lycium barbarum* L.）。枸杞的果实称为枸杞子，其嫩叶称为枸杞头。枸杞全身都是宝，枸杞果实能够强身健体、降低血糖、抗脂肪肝、防止动脉硬化，具有多种药用功效，还可以用来泡酒及做汤食用。枸杞芽不仅可作菜用，是一种特色蔬菜，而且可以泡茶食用，具有一定的食疗作用。明代李时珍所著的《本草纲目》中就有关于枸杞的记载："春采枸杞叶，名天精草；夏采花，名长生草；秋采子，名枸杞子；冬采根，名地骨皮。"

一、枸杞的形态特征

枸杞是一种多分枝灌木植物，高度一般在 0.5～1.0 米。枸杞植株的枝条细弱，呈弓状弯曲或俯垂状，着生长 0.5～2.0 厘米的棘刺。枸杞的叶形态多样，有卵形、卵状菱形、卵状披针形、长椭圆形，多为单叶互生。枸杞的花分布于枸杞的长枝和短枝上，在长枝上生于叶腋，在短枝上则与叶簇生。栽培的枸杞子长 2.0 厘米左右，直径 0.5～0.8 厘米，枸杞的种子呈扁肾脏形，长 0.2～0.3 厘米，枸杞的花果期一般在 6—11 月。

二、枸杞的分布

我国的枸杞主要产自三个地区，分别为甘肃、宁夏和天津，目前新疆部分地区也有一定的生产数量。其中产自甘肃省张掖一带的"甘枸杞"和宁夏回族自治区中卫、中宁地区的"宁夏枸杞"品质较高，产自天津地区的"津枸杞"和新疆地区的"古城子枸杞"品质也上乘。

三、枸杞的营养成分

枸杞含有多种营养成分,不仅含有丰富的糖、蛋白质、脂肪,而且含有大量的胡萝卜素、维生素、烟酸等。枸杞除含有丰富的钙、磷、铁等矿物质养分外,还含有亚油酸、苷类、胺类等。此外,枸杞芽的营养成分也很丰富,常被作为蔬菜食用,是西北地区主要芽菜之一。目前发现的紫黑色枸杞,具有抗癌、保健等价值。

枸杞具有很高的药用价值。枸杞子含有的甜菜碱及多种维生素、氨基酸等物质具有降血压、降胆固醇、降血糖、提高免疫力等功效。

◈ 第二节 枸杞的人工栽培技术 ◈

一、枸杞的繁殖

生产上,枸杞的繁殖方式主要有种子繁殖和扦插繁殖两种,各具特点。

1. 种子繁殖

使用种子繁殖枸杞植株时,要选用优良的枸杞品种,同时需要收获果大、色艳、无病虫害的优质成熟枸杞子。播种前要用湿润的细沙与枸杞种子拌匀,再置于 20 ℃室温下催芽,当 30% 左右的枸杞种子露白时进行播种。

枸杞的种子繁殖,除了冬季外,其他三个季节均可进行,生产上主要以春季播种为主。一般在 3 月下旬至 4 月上旬,整理枸杞育苗田,可以按行距 40 厘米开沟,沟深一般为 1.5~3.0 厘米,然后将枸杞种子条播,播种后,覆土 1~3 厘米,及时浇水。枸杞幼苗出土后,要加强水分管理,还要注意枸杞苗田的除草和松土。

枸杞苗高达到 6~9 厘米时,要及时间苗和定苗,使枸杞幼苗的株距保持在 12~15 厘米。同时,要加强肥水管理,在 5 月、6 月、7 月分别追肥 1 次,并且要及时除去幼苗的部分侧芽,当株高达到 60 厘米时要及时摘心。

2. 扦插繁殖

枸杞的扦插繁殖也是枸杞生产上重要的繁殖方式之一。首先需要从优良的枸杞母株上选取粗 0.3 厘米以上、木质化良好的一年生枝条,剪成 18~20 厘米长的枸杞插穗,然后扦插。可以按株距 6~10 厘米斜插在预先整理好的扦插沟内,扦插完后填土踏实。为了提高扦插效率,可以用一定浓度的萘乙酸浸泡扦插枝条。

二、枸杞的栽培

1. 环境条件

枸杞植株在生长发育过程中对光照有较高的要求,通常喜光照。枸杞植株耐盐碱、耐旱,但是怕水渍。枸杞的高产栽培以肥沃、排水良好的土壤为宜,土壤呈中性或微酸性为宜,如果是盐碱土,则其土壤含盐量不得超过 0.2%。

2. 田间管理

枸杞高产栽培的田间管理主要涉及肥水管理、除草等方面,还需要对枸杞植株进行修剪整形。在每年的 5—7 月,需要对枸杞园进行中耕除草 1 次。每年的 10 月下旬至 11 月上旬,需要对枸杞园施用有机基肥,基肥可以是腐熟的羊粪、厩肥等,在每年的 5—7 月,还可以施用富含磷、钾的复合肥。

枸杞生长发育中,植株的修剪整形是一项重要的田间管理措施。枸杞植株移栽后的当年秋季,需要及时对植株进行修剪整形,通常在主干上部四周选取 3～5 个生长粗壮的枝条作主枝,于 20 厘米左右处短截。第二年春,枸杞主干枝上会发出新枝,再于新枝 20～25 厘米处短截作为骨干枝。此后,继续短截枸杞植株骨干枝上的徒长枝以促进发枝,加高充实树冠骨架,使其形成合理的冠形结构,通常枸杞植株经过 5～6 年的修剪整形就可以进入成年树阶段。枸杞植株进入成年期后,每年都需要在春季剪枯枝、交叉枝和根部萌蘖枝等,夏季也需要对枸杞植株进行去密留疏,剪去徒长枝、病虫枝及针刺枝,秋季进行枸杞植株的全面修剪,整理树冠。

三、枸杞的病虫害防治

枸杞高产栽培中的病害主要有黑果病、根腐病等。黑果病主要危害枸杞的花蕾、花和果,对枸杞的生产危害较大,可以使用波尔多液、退菌特防治。根腐病可以使用托布津或多菌灵药液浇注枸杞的根部进行防治。

枸杞高产栽培中的虫害主要有枸杞实蝇、蚜虫、枸杞瘿螨等,生产中需要针对不同的虫害采取相应的措施进行防治。

第三节　枸杞的采收、食用与加工

小贴士

枸杞的采收以人工采收鲜果为主。枸杞的食用方法多种多样,可以生食、熬粥、煲汤、熬膏、浸酒等。既可以将枸杞子加入茶水、粥饭、菜肴里食用,也可以将其与黄芪、菊花、金银花、胖大海和冰糖一起泡水喝,还可以与雪梨、百合、银耳、山楂等熬煮成羹,与桂圆、大枣、山药等搭配煮粥食用,均有较好的食疗效果。

1. 枸杞茶

泡茶是枸杞一种较为常用的食用方法,常喝枸杞茶可以改善睡眠,增强体质,提高免疫力。枸杞一年四季皆可泡茶食用,常以下午泡饮为佳。通常枸杞可以与贡菊、金银花、胖大海和冰糖泡制枸杞茶,而不与绿茶一起泡制。

2. 枸杞粥

枸杞可以与各类谷物一起煲粥,是一种良好的食疗用材。

3. 枸杞炖肉

枸杞适合与各种肉类进行炖制,例如人们常在炖排骨时添加枸杞。枸杞也可与羊肉进行炖制,味道佳,适合冬天食用。

4. 枸杞炒菜

家常炒菜也可以加入枸杞,口感颇佳,如将枸杞与新鲜蘑菇一起炒,是一道色香味俱佳的家常素菜。

5. 枸杞芽菜用

枸杞芽的菜用同普通蔬菜的食用类似,可下火锅、炒菜、煮粥、腌制、做酱、做馅等,枸杞芽是西北地区一种特色芽菜。

第八章

百　合

《第一节　百合的概述》

百合（*Lilium brownii* var. *viridulum* Baker），为百合科（Liliaceae）百合族（Lilieae）百合属（*Lilium*）多年生草本球根植物，可以作为蔬菜食用。我国是百合属植物自然分布中心，也是百合重要的起源地之一，全世界现存有一百多种野生的百合品种，其中原产我国的百合野生种有五十多种。近年来，随着市场需求的不断增加，亚洲百合、麝香百合、香水百合等多种百合新品种经过人工杂交和选育而产生。

一、百合的形态特征

百合茎直立，不分枝，其植株较为高大，通常株高为40～60厘米。百合阔卵形或披针形的鳞茎长于地下，颜色一般呈白色或淡黄色，由直径为6～8厘米的肉质鳞片环抱而成。百合茎秆顶端着生漏斗形喇叭状的花，花冠大，花筒长，花色多样，蒴果为长椭圆形。

二、百合的生境及分布

百合主要分布在欧洲、北美洲和亚洲东部等北半球温带地区，在我国有较为广泛的分布。百合较适宜的生长环境为湿润、肥沃且光照较好的田块，富含腐殖质、土层较为深厚、呈微酸性或中性的沙质土壤较适宜于百合的高产栽培。百合的生长过程中，要求土壤排水能力良好。

三、百合的营养成分

百合营养丰富，可以作为一种优良的蔬菜食用，含有蛋白质、脂肪、糖、淀粉、维生素等营养成分。另外，百合还含有多种矿物质元素，钙、磷、铁含量丰富。

百合还含有一些特殊的营养成分，对增强人体免疫力具有较好的效果。百合具有良好的滋补功效,对多种季节性疾病有一定改善作用,如慢性支气管炎,咽干、咳嗽等。鲜百合具有养心安神的作用,特别是与蜂蜜一同食用,其润肺止咳功效更好,对病后虚脱的恢复效果良好。

第二节　百合的人工栽培技术

一、百合的繁殖

百合的繁殖方法主要有播种、分小鳞茎、鳞片扦插和分珠芽 4 种,生产上可以根据条件和栽种方式选择。

1. 播种繁殖法

百合的播种繁殖法通常是秋季从健康的植株上采收百合的种子,贮藏到第二年春天进行播种。百合的种子通常播后 20～30 天能够发芽。百合的幼苗期要加强水肥管理,同时要适当遮阴。当年秋季,百合的地下部分形成小鳞茎,可以用于分栽。播种繁殖法获得的百合实生苗 3 年左右开花,也有的品种需要更多的年份才能开花,因种类而异。百合的播种繁殖法属于有性繁殖,主要在百合的育种上应用。

2. 分小鳞茎繁殖法

百合的分小鳞茎繁殖法繁殖量小,一般少量地繁殖 1 株或几株,可采用此法。百合老鳞茎的茎盘外围通常会长有一些小的鳞茎,生产上,在 9—10 月收获百合时,可以将小鳞茎分离下来用于繁殖使用。经过 2～3 年的生长,可长成大鳞茎,进而培育成大的百合植株。

3. 鳞片扦插繁殖法

百合的鳞片扦插繁殖法能够进行中等数量的百合生产种苗繁殖。秋天挖出百合的鳞茎,将老鳞茎上饱满、健壮、肥厚的鳞片分掰下来,每个鳞片基部均带有一小部分茎盘。然后将百合鳞片稍阴干,保存于浅保存箱中。扦插时可以选择扦插在河沙(或蛭石)中,注意保持基质一直处于适宜的湿度,以约 2/3 的鳞片插入基质为宜。

经过 45 天左右,鳞片基部会发出新根。注意过冬的温度不能太低,保持在 18 ℃ 左右即可,同时注意基质的湿度,不能过干也不能过湿。到次年春季,百合的鳞片即可长出小鳞茎,可作为百合种进行栽培。

4. 分珠芽繁殖法

百合的分珠芽繁殖法仅适用于少数种类,主要是利用百合叶腋处的分珠芽进行繁殖。具体方法是将百合地上茎形成的珠芽,也就是百合的小鳞茎取下来培养。通常,从百合的珠芽长成大鳞茎,再生长到开花,需要2~4年的时间。生产上,在百合植株开花后,将地上茎压倒并浅埋入土中,可以促使多生小珠芽。

二、百合的栽培

1. 栽培模式

百合的高产栽培中,主要用百合鳞茎进行繁殖。百合种用鳞茎应选根系发达、个头大、鳞片抱合较为紧密的百合鳞茎为宜。色白、形正、整株无损伤、无病虫的百合鳞茎是健康种用鳞茎的指标。播种前可以使用农用链霉素浸种,时间为30分钟左右,同时喷洒800~1 000倍多菌灵后,覆膜30分钟,也可以使用福尔马林(浓度2%)浸种15分钟左右,晾干后进行下种。

百合高产栽培上,为了较好地利用冬前较高的温度,促进百合根系生长,一般选择在9—10月进行栽种。秋季种植,也有利于百合早春的出苗。生产上,种植百合时,可以开浅的播种穴进行栽种,行距25~40厘米,株距17~20厘米,栽种穴深10~13厘米,盖土7~10厘米。播种后,将种肥土、杂灰或是腐熟肥铺在百合种植畦上,再盖一层稻草防冻保湿。百合的高产栽培田块,每亩可密植1.0万~1.5万株百合,用种量可以达到150~250千克。

2. 田间管理

(1) 栽培前期的田间管理 百合高产栽培前期要做好准备工作。应在冬季晴天对百合栽培田块进行中耕,春季百合出苗前,对栽培田块进行松土锄草,也可以盖草保墒。

百合生长过程中,夏季还要防止高温引起的百合腐烂,秋季天气转凉时,要注意保温,防止霜冻对百合的伤害。应采用中耕、松土等方式疏松土壤、清除杂草,通过培土,防止百合鳞茎的裸露。

(2) 栽培中后期的田间管理 百合生长后期,不宜进行中耕除草等农事操作。要适时对百合植株打顶,春季百合发芽时保留壮芽,除去其余的弱势芽。当百合苗高为27~33厘米时,要及时摘顶,控制植株地上部分的生长速度,促进百合地下鳞茎的生长发育。

(3) 肥水管理 百合高产栽培过程中,要加强肥水管理。百合怕水涝,因此要注意经常清沟排水,做到栽培田块能够雨停渍水干。

百合生长过程中还要注意施肥的时间和数量。通常,在1月份百合苗未出土时施腊肥促发根壮根,可以结合中耕进行,亩施人畜粪肥1 000千克左右即可。在4月上旬当百合苗高10~20厘米时施加壮苗肥,每亩施入复合肥10~15千克、人畜粪肥500千克、发酵腐熟饼肥150~250千克等。在6月上中旬,百合开花、打顶后施壮片肥,促进鳞片发育,可以每亩施尿素15千克、钾肥10千克,百合打顶后要控制氮肥施入量,以促进鳞茎生长。秋季结合松土,再施1次粪肥。

三、百合的病虫害防治

百合高产栽培过程中,病虫害的防治是百合高产、稳产的重要保障因素之一。百合生产中,斑点病、花叶病、鳞茎腐烂病、叶枯病、蚜虫是常见的几种病虫害。

1. 病害

(1) 百合斑点病

① **主要症状**:发病初期,百合叶片出现小斑,呈现褐色,然后慢慢扩大,出现褐色斑点,接着,在斑点中心或周围产生小黑点。百合斑点病发生严重时,能够导致百合植株的整片叶变黑而枯死,严重影响百合的产量和品质。

② **防治方法**:一是及时摘除病叶,降低病源;二是使用代森锌可湿性粉剂(65%)500倍稀释液喷洒,防止病害蔓延。

(2) 百合花叶病

① **主要症状**:病发时百合的叶片出现深浅不匀的枯斑或褪绿斑。发病植株表现为个体矮小,叶缘出现卷缩,同时叶形也会一定程度变小。花期还会出现花畸形,且不易开放,花瓣上出现梭形淡褐色病斑。

② **防治方法**:一是选用无病毒的种苗;二是控制蚜虫、叶蝉等害虫传播病源;三是及时去除发病植株;四是采用化学药物防治。

(3) 百合鳞茎腐烂病

① **主要症状**:百合的鳞茎产生褐色病斑,严重的将导致整个鳞茎呈褐色腐烂,从而严重影响百合的产量和品质。

② **防治方法**:在发病初期,采用50%代森铵300倍液浇灌防治。

(4) 百合叶枯病

① **主要症状**:多发生在百合的叶片上,主要表现为从百合植株下部叶片的尖端开始发病,发病后会产生大小不一的类似圆形或椭圆形的不规则状病斑。病斑的形状和颜色因品种不同而异。百合叶枯病严重时,会导致整叶枯死,影响植株的生长发育,对百合生长造成较大的危害。

② **防治方法**:一是加强百合栽培的管理,注意栽培温室的通风、透光;二是及时摘除病叶,控制病源;三是药剂防治,可以使用1%等量式波尔多液或50%退菌特可湿性粉剂800~1 000倍液喷洒,喷洒3~4次即可。

2. 虫害

(1) 蚜虫

① **主要症状**:百合的生产过程中,蚜虫主要危害植株的嫩叶和茎秆。蚜虫通常会在百合的叶片上,吸取百合植株的汁液。在百合叶片展开时发生危害较重,常会导致百合生

长不良、植株矮小,引起百合花蕾发育不良。蚜虫会传播病毒,造成百合植株感病,对百合的生长有很大的危害,因此防治蚜虫是防止百合病毒病蔓延的有效途径之一。

② 防治方法:通过铲除百合田块附近的杂草,清除虫源,降低蚜虫密度;百合生产上,蚜虫密度高时,可以使用吡虫啉、阿维菌素等,也可以使用灭蚜松乳剂 1 500 倍液进行喷洒以杀灭蚜虫。

(2) 其他虫害

① **主要症状**:百合的高产栽培过程中,还会发生一些其他虫害,其中地老虎、蝼蛄、线虫等是危害较为严重的几种百合虫害。地老虎和线虫主要危害百合的地下鳞茎,造成百合植株的根腐烂,导致植株死亡。蝼蛄则通过啃食百合的幼苗、幼茎,对百合植株造成伤害。

② **防治方法**:百合的虫害防治方法主要分为农事操作和化学药剂杀灭两种。

农事操作方面,百合种植前,在百合栽培田块中,每亩施用复合肥(15-15-15)30~50千克,主要施用在定植沟或栽培穴中;清除杂草,使用充分腐熟的农家肥;在移栽前,可进行淹水,能起到一定的防治效果;使用黑光灯在田间诱杀成虫。

使用化学药剂杀虫,可以在虫害发生的时候,使用豆饼或玉米面拌农药进行诱杀,达到防治的目的。

第三节 百合的采收、食用与加工

一、百合的采收

百合花是一种较为名贵的鲜花,具有较高的经济价值,同时百合花和鳞茎也是一种经济价值较高的蔬菜。因此百合的采收,可以分为鲜花采收和鳞茎采收两部分。

百合的鲜花采收应在花没有开放时及时进行,这时花枝上第一朵百合的花蕾已经膨胀完全、透色。采收过早或过晚都会对百合花的商品品质带来较大的影响。

食用百合花的采收,可以采收即将开放的百合花,也可以采收错过作为鲜花出售的百合花。采收时,应采收百合的花瓣,并及时进行必要的加工,如杀青、干制等工序,以保持和提高百合花作为食材的商品性。

部分百合品种的鳞茎含有丰富的淀粉和有益物质,具有良好的保健功能。但是,务必注意,并不是所有百合的鳞茎都可食用。另外,百合鳞茎的采收也是获得百合高产栽培种茎的关键步骤之一,作为繁殖材料使用的百合鳞茎采收时要注意保持其完整性。

二、百合的主要食用方法

百合是一种优良的食材,具有多种功效。百合味美爽口,口感肥厚,具有淡淡的清香,味微苦,性平。百合还具有很好的清热、安神等作用,对多种疾病具有良好的疗养功效,例如,百合能够清心安神、润肺止咳,对改善烦躁失眠、食欲不振、神志不宁、心烦口渴等有一定效果。百合的食用方法多种多样,可以熬粥、煲汤、炒等,均有较好的食疗效果。

1. 百合粥

选取优质百合50克,洗净(如果选用百合粉则不需要清洗,如果选择干制百合片,需要用清水浸泡一段时间);选取优质的粳米100克并淘洗干净。将百合和粳米同时放入锅内,加清水,小火熬制成粥。食用时,也可以根据口味加入一定的糖和蜂蜜,风味更佳,食疗效果更好。另外,也可以根据需要加入银耳、绿豆等,能够起到滋阴润肺、清热解毒之功效。

2. 百合汤

选取新鲜百合或者干百合片(食用前先用清水浸泡一段时间),洗净,去除杂质后,放入锅中,再加入适量的水,熬煮即可。根据口味可加入适量白糖,带汤食用。百合汤对结核病患者有良好的食疗功效。

3. 炒百合粉

用盐、蛋清、湿淀粉将百合粉与里脊肉片拌匀,放入油锅翻炒,再加入适量的调味品,至熟。炒百合粉不仅具有百合的清香,醇而不腻,还具有良好的食疗功效,尤其是胃口不好、食欲下降的人群食用此菜更佳。

4. 西芹炒百合

选用优质的西芹和百合,洗净,将西芹切成2~3厘米的菱形块,百合掰成小瓣。然后将西芹块和百合片放入沸水中,烫至刚熟时即捞起。再放入热油锅中进行翻炒,放入适当的调味料后翻炒均匀,起锅。西芹炒百合具有质嫩爽口、味道鲜美的特点,是一道色香味俱全的佳肴。

第九章

桔　梗

《 **第一节　桔梗的概述** 》

桔梗[*Platycodon grandiflorus* (Jacq.)A. DC.]，为桔梗科(Campanulaceae)桔梗属(*Platycodon*)多年生草本植物，可以作为蔬菜食用。桔梗又被称为包袱花、铃铛花、僧帽花等，分布在朝鲜半岛、日本、西伯利亚东部和我国的部分地区。

桔梗的花通常为暗蓝色或暗紫白色，在一些地区常作为观赏花卉栽培。桔梗的根是一种优良的中药材，有止咳祛痰、宣肺、排脓等作用，属中医常用药。桔梗也是一种优质的蔬菜，在我国东北地区将桔梗腌制成咸菜，称之为"狗宝"咸菜，在我国延边地区和朝鲜半岛地区，桔梗被用来制作泡菜，是有名的泡菜食材。

一、桔梗的形态特征

桔梗植株茎的高度通常为 20～120 厘米。桔梗的茎通常不分枝，茎表面常无毛。桔梗的叶片呈卵状椭圆形至披针形，长度一般在 2～7 厘米，宽度 0.5～3.5 厘米。桔梗的花通常为较暗的蓝色、紫色或白色，花冠大。桔梗的花期较长，一般在 7—9 月。

二、桔梗的生境及分布

桔梗在亚洲的中国、日本、朝鲜，以及俄罗斯的远东和西伯利亚部分地区均有分布。在我国主要分布于东北、华北、华东、华中各省，在我国南方的两广地区、云贵地区也有一定分布。

桔梗喜阳光、喜温、喜相对凉爽的气候。不同生育期的桔梗对生长条件的要求也有较大的差异，苗期的桔梗要避免强光直晒，因此需要遮阴，桔梗的成株则喜光怕渍。深厚的土层、良好的排水能力、疏松的土质、腐殖质丰富的沙壤土是桔梗适宜的栽培条件。

三、桔梗的营养成分

桔梗营养丰富,其含糖量较高,还含有多种维生素。桔梗的氨基酸含量也较高,种类较为齐全,包括 8 种人体必需的氨基酸。另外,桔梗还含有多种特殊物质,主要有桔梗皂苷、前胡皂苷、远志皂苷和桔梗聚果糖等。

四、桔梗的药用价值

桔梗具有很好的药用价值,是一种重要的药用野生蔬菜资源。桔梗含有的桔梗皂苷能降低人体胆固醇含量,具有良好的祛痰作用。桔梗还具有清热、解热、镇痛、抗炎、镇静等作用。另外,桔梗含有的 γ-氨基丁酸也是人脑能量代谢过程中重要的神经传导类化学物质。

《第二节 桔梗的人工栽培技术》

一、桔梗的繁殖

桔梗的高产栽培需要选用高产的桔梗植株进行留种,以保证用种质量。为了使桔梗植株的营养向留种果实集中运输,通常在 8 月下旬需进行留种桔梗植株花序的整理,打除位于侧枝上的花序。这样桔梗植株上的种子质量较高,颗粒饱满。当桔梗植株上的果实发育成熟,颜色变黄时进行桔梗的收割。将收获的桔梗植株进行晒干脱粒,用于桔梗生产。

二、桔梗的栽培

1. 选地与整地

(1) 选地 桔梗的高产栽培通常要选择向阳坡地、平地。桔梗对土壤的要求也较高,通常选择肥沃、疏松、地下水位低、排灌方便的田块。富含腐殖质的泥沙土对桔梗的高产优质生产较为有利,而积水湿地不适用于桔梗的生产。

(2) 整地 针对桔梗具有较长肉质根的特点,桔梗通常采用起垄栽培。起垄前,先将农家肥施入,然后翻耕、耙细、整平。根据田块特点,整成垄宽 1.5～2.0 米,沟宽 25～30 厘米的垄床,以备播种。

2. 播种

桔梗主要通过直播或育苗移栽两种方式生产。两种方式各具特点,桔梗的高产栽培可以根据需要进行选择。

(1) 种子的处理 桔梗种子在常规贮藏条件下,发芽率会逐年下降。为了提高种子的发芽率,生产上需要对桔梗种子进行处理。桔梗种子处理的方法主要有低温处理、激素处理、高温处理等。

通常,将桔梗种子进行低温处理,可以将其放入冰箱冷藏室处理7天,然后进行播种。也可以使用赤霉素溶液对桔梗种子进行浸泡处理,赤霉素溶液的浓度为200毫克/千克,处理时间为8小时。经赤霉素溶液处理后的桔梗种子要用清水反复冲洗。

还可以用50℃温水处理桔梗种子,温水浸泡过程中要注意随时搅动,等水凉后,再继续浸泡7小时。然后将桔梗种子捞出,用湿布包住种子进行催芽。每天早、中、晚各用温水冲滤1次,3~5天后播种。

(2) 播种期和播种量 桔梗生产可以选择秋播或春播。秋播一般在10月中下旬至上冻前完成,而春播则主要集中在4月下旬至5月上旬。桔梗生产中的用种量与播种方式密切相关,一般直播用种量大,而育苗移栽需种量小。直播时,桔梗每亩用种量为0.8~1.0千克;育苗移栽时,桔梗每亩用种量为0.4~0.5千克。

(3) 直播 高产栽培生产中,直播方式种植的桔梗植株主根直、粗壮、分叉少,商品性好,利于桔梗刮皮加工。生产上,春播于4月下旬进行,15~20天幼苗出土。桔梗的秋播可以在10月中旬至霜降前进行,秋播的桔梗会在第二年出苗,生长期长,秋播桔梗的结实率与根粗等方面均高于春播。

(4) 育苗移栽 桔梗育苗移栽的苗圃应选择向阳的优良田块,且要选择粒大、饱满、无病虫害、无草害、无霉烂的优质桔梗种子进行桔梗幼苗的培育。与桔梗的直播栽培类似,桔梗的育苗移栽也可以春播或秋播,春播通常在4月下旬至5月上旬,而秋播则在10月中下旬开始至霜冻前。桔梗育苗播种一般采用条播方式,播种后要加强肥水管理,保持土壤湿润,以便于幼苗健壮生长。

一年生桔梗可用于移栽,移栽桔梗幼苗时,生产上选择芦头完整、健壮、无病虫害的幼苗。为了便于移栽后的管理,可以将桔梗幼苗按照大、中、小进行分类,然后分别移栽。桔梗移栽的季节与直播的季节类似,在春季、秋季均可进行,春季通常在4月下旬至5月上旬进行,秋季通常在10月中下旬至霜冻前进行。桔梗移栽时,对幼苗要做到随起、随栽。移栽后,要加强田间管理,保持移栽田块的湿润,并及时除草、松土,也要注意适时施肥。

3. 田间管理

桔梗高产栽培中,对田间管理的要求较高,主要涉及肥水管理、打芽、除花等,还要加强除草和病虫害的防治。

(1) 补苗间苗 桔梗苗期,在中耕除草过程中,若发现缺苗、死苗,则要进行适当的补苗,注意补苗植株的大小应尽量保持一致。

(2) 追肥 桔梗生产中,对肥料的要求较高,可以结合中耕除草进行追肥,在苗高9~

18 厘米时再进行 1 次追肥,可以浇施稀人畜粪肥。在桔梗花蕾摘除前,可以进行 1 次追肥,每亩施入过磷酸钙 25 千克和尿素 14 千克。桔梗生产上,为防止植株倒伏,施肥后要及时培土。

(3) 灌水和排水 桔梗生产中,要防止干旱和水涝对桔梗生长的影响,在水涝时要及时排水,在干旱时要及时灌溉。在桔梗的高产栽培中,由于种植密度较高,夏季温度高、湿度大,要防止桔梗烂根,造成减产,通常采取疏沟、排水等农事操作。

(4) 打芽、摘蕾和除花 桔梗的高产栽培中,打芽、摘蕾和除花对于桔梗的产量和品质非常重要。桔梗生长过程中,通过打芽的方式,抑制地上部分的生长来达到促进桔梗主根生长的目的。未打芽的桔梗通常表现为叉根多、质量差、产量低。打芽时,每个桔梗植株只留 1～2 个主芽,其余枝芽全部摘除。桔梗的打芽可以在每年的春季进行。

桔梗的高产栽培中,也需要通过摘蕾和除花来提高根的产量和质量。桔梗的摘蕾和除花使得养分更多地集中到根部,促进桔梗根的生长,达到增产的目的。

(5) 中耕除草 桔梗高产栽培中,中耕除草是重要的管理环节。在桔梗生长的前期,由于桔梗植株生长缓慢,易发生杂草危害,这时需要及时进行除草。通常,一年中可以对桔梗生产田块进行中耕除草 3～4 次。另外,要做到有草就除,保持桔梗生产田块杂草处于较低的水平。

三、桔梗的病虫害防治

桔梗生产过程中,危害较严重的主要病害有白粉病、根腐病、炭疽病、根线虫病、紫纹羽病等。

1. 白粉病

(1) 主要症状 白粉病主要危害桔梗植株的叶片,发病时,病叶上布满粉末,严重时,还会导致桔梗整株枯萎,直至死亡。

(2) 防治方法 在桔梗白粉病发病初期,可以喷施白粉净 500 倍液或是 20％的粉锈宁粉 1 800 倍液进行防治。

2. 根腐病

(1) 主要症状 根腐病主要危害桔梗的根部,发病时,桔梗的根部会出现黑褐色斑点,严重时,导致桔梗根的腐烂,直至整株死亡。

(2) 防治方法 桔梗发生根腐病时,可以使用 50％多菌灵 500 倍液进行灌根,防治效果良好。另外,桔梗生产田块的湿度过大会导致根腐病加重,因此尤其是雨后需要加强排水,防止桔梗田块发生涝害,减少根腐病的发生。

3. 炭疽病

(1) 主要症状 桔梗的炭疽病主要发生在高温、高湿的季节,其主要症状表现为桔梗茎秆基部最初出现褐色斑点,然后扩大到桔梗茎秆,最后导致桔梗植株倒伏,直至死亡。桔梗炭疽病危害较重,发病时会在桔梗生产田块迅速扩大,从而导致桔梗植株成片倒伏和死亡,造成桔梗产量和品质显著下降。

(2) 防治方法 在桔梗幼苗出土前进行预防,可以使用20％退菌特可湿性粉剂500倍液喷雾。桔梗如果发生炭疽病,在发病初期可以喷施50％甲基托布津可湿性粉剂800倍液或是1∶1∶100波尔多液进行防治。生产上,桔梗炭疽病防治,需要连续喷药剂3～4次,间隔10天喷1次。

4. 根线虫病

(1) 主要症状 桔梗受到根线虫病危害时,主要症状表现为桔梗根部有病状突起,地上部分的茎和叶早枯,严重的会导致桔梗整株死亡。

(2) 防治方法 桔梗高产栽培生产上,每亩施入100千克茶籽饼肥作基肥,并于播种前使用石灰氮或10％克线磷对桔梗栽培田块土壤消毒,可明显减轻根线虫病的危害;还可以与小麦、玉米等进行轮作,降低根线虫病发病率。

5. 紫纹羽病

(1) 主要症状 紫纹羽病对桔梗高产栽培的危害主要表现为,初期发病时桔梗根部变红,然后红褐色的菌丝呈网状并密布根部。发病后期,会形成紫色菌核,严重时导致桔梗的茎、叶枯萎,直至整株死亡。

(2) 防治方法 桔梗的紫纹羽病可以通过轮作倒茬来防治,另外,桔梗生产田块发生紫纹羽病时,要及时将病株拔除并焚毁,同时对发病植株根部采用5％石灰水灌根消毒。

第三节 桔梗的采收、食用与加工

一、桔梗的采收

桔梗的高产栽培2～3年即可进行收获,一般鲜桔梗根产量约为500千克/亩,部分高产田块能够达到1 200～1 500千克/亩。生产上,桔梗的采收时间如果过早会影响产量和品质,过晚,桔梗根的皮刮除较难,也会增加桔梗根干制的难度。生产上桔梗的采收通常在秋季进行,为9月下旬至10月中下旬。

桔梗收获时,为了防止根折断,要适当深刨,桔梗根出土后,要及时除去芦头。桔梗收获过程中,要避免根损伤。收获的桔梗根,要及时去掉根表附着的泥土,并用清水清洗干净。桔梗根去皮后,用清水浸泡24小时,再置于干净的网上晾晒,保持环境通风、干燥。这样初加工的产品为白桔梗。

二、桔梗的加工

采收的桔梗根,既可以作为菜用,也可以作为药用。通常都需要经简单的初加工,即洗净、刮皮、晾干,然后才可装箱出售。菜用的桔梗也可以继续深加工,进一步提高桔梗的附加值,主要的桔梗菜用加工方式有腌渍、制脯、罐头加工等。药用桔梗加工方式也是洗净、刮皮、晾干或晒干、烘干,然后作为药材使用。

三、桔梗的主要食用方法

桔梗的茎叶和根都可以作为蔬菜食用,营养丰富,且具有优良的食疗效果。菜用桔梗,其茎叶可以凉拌、清炒,根则可以凉拌,也可以加工成咸菜。

1. 桔梗叶凉拌

凉拌桔梗叶是桔梗菜用的一种简单加工方式。采收鲜嫩的桔梗茎叶,洗净后用开水焯一下,经凉水反复冲洗冷却、沥干,根据口味加入盐、白糖、麻油、味精等调味品,拌匀即可。凉拌桔梗叶不仅味道鲜美,还具有很好的食疗效果和清热解毒的功效。

2. 桔梗茎叶清炒

清炒桔梗茎叶是另外一种简单的食用方法。将采收的鲜嫩桔梗茎叶洗净后,切成长3～5厘米的小段,放入油锅煸炒,根据口味加入葱花、蒜蓉和少许盐,继续翻炒至熟即可。清炒桔梗茎叶味道鲜美爽口,是一道独具特色的菜肴。同时清炒桔梗茎叶也是一道优良的保健菜品,具有清热解毒、抗衰老等功效。

3. 桔梗根拌黄瓜

桔梗根拌黄瓜是一道鲜爽的精美菜肴,制作也较为简单。将采收的鲜嫩桔梗根洗净,并刮除外皮,将洗净去皮的桔梗根放入开水中焯一下,冷却捞出切成薄片。同时,将黄瓜也切成薄片,根据口味可以用盐稍微腌制。最后将准备好的桔梗根切片和黄瓜切片混拌,根据口味加入盐、麻油、醋、味精等拌匀即可。

4. 风味桔梗根丝

将采收的桔梗根洗净后,切丝,放入缸中,同时加入盐、酱油、蒜末、辣椒粉、芝麻等调味品,也可以根据口味加入适量味精或糖。将桔梗根丝和调料搅拌均匀后,腌制7天,腌制过程中要经常翻动。最后捞出装盘,即成一道美味的风味桔梗根丝。

第十章

牛 蒡

第一节　牛蒡的概述

牛蒡(*Arctium lappa* L.)，为菊科(Asteraceae)牛蒡属(*Arctium*)二年生植物。牛蒡能形成肉质根，可以作为蔬菜食用。牛蒡也称为东洋萝卜、白肌人参、东洋参、蝙蝠刺、牛鞭菜等。牛蒡是一种特色蔬菜，也是一种具有良好功效的中药材，中医上称其种子为"牛蒡子"或"大力子"，对于咳嗽、咽喉肿痛、风疹等具有良好的疗效。

一、牛蒡的形态特征

牛蒡植株体型硕大，其植株高度能够达到1～2米。牛蒡的茎秆粗壮、直立，颜色呈淡紫红色。牛蒡具有丛生的基生叶和互生的茎生叶，其叶片通常呈心脏形或宽卵形。牛蒡叶片较为宽大，长和宽分别达到20～50厘米和15～40厘米，颜色呈淡绿色。牛蒡也具有较为硕大的叶柄，长可达70厘米左右，叶柄具有纵沟，基部呈微红色。

牛蒡细长的肉质根呈圆柱形，长可达60～100厘米，横径通常为3～4厘米。牛蒡的根多呈暗褐色，根肉多呈灰白色，根外皮较为粗糙、坚硬，生产上如果不能及时收获会导致根空心。

牛蒡的头状花序丛生，或排列为伞状，其花序有梗。牛蒡花冠为筒状，颜色呈淡紫色，其瘦果为椭圆形或倒卵圆形，颜色呈灰褐色。牛蒡的花期在6—8月，果期在7—9月。

二、牛蒡的生境及分布

牛蒡原产于我国，在我国从西南到东北均有野生牛蒡分布，荒山草地和沟谷林边较多。牛蒡属植物分布于全世界，主要分布在亚洲和欧洲等地区，有10余种，其中我国主要有2种。

牛蒡较适应温暖、湿润的气候，同时也具有较强的耐寒和抗热能力。牛蒡植株适宜的生长温度在 20～25 ℃,夏季,当温度达到或超过 35 ℃时,牛蒡也能够旺盛生长。冬季,气温低于 3 ℃时,其地上部分植株就会枯死,而牛蒡的根能够度过－25 ℃的严寒。牛蒡植株耐阴性较强,但作为根菜类的牛蒡在高产栽培生产中,充足的光照是必须条件之一。

三、牛蒡的营养成分

牛蒡是一种药食兼用的优良食材,具有强身健体、缓解疾病的功效。牛蒡含有丰富的营养成分,主要有蛋白质(100 克牛蒡含蛋白质 2.1 克)、各类维生素(维生素 B_1、维生素 B_2、维生素 C 等)、矿物质(钾、钙、镁、铁等)和稀有元素(铜、锌、锰、硒)等。牛蒡还含有菊糖,即一种存在于菊科植物的营养物质,具有较高营养价值。

四、牛蒡的药用价值

牛蒡是一种独具特色的蔬菜,也具有很高的药用价值。牛蒡成熟果实也称为牛蒡子,是常用的中药材。牛蒡具有宣肺透疹、解毒利咽、疏散风热等功效,可以用于缓解感冒发热、咳嗽、麻疹、风疹、咽喉肿痛、痰多等多种病症。现代医学还证明,牛蒡具有抗病毒和提高免疫力等功效。

第二节　牛蒡的人工栽培技术

一、牛蒡的繁殖

高产栽培生产中,牛蒡主要以种子繁殖,采用直播方式进行播种。牛蒡播种前,需要将种子进行预处理,以利于出苗,通常的处理方法是将牛蒡种子放入 30～40 ℃的温水中浸泡 24 小时。如果采用育苗移栽,易导致牛蒡根部分叉,进而影响牛蒡的品质。牛蒡种子发芽的适宜温度为 20～25 ℃,休眠期为 1～2 年。

二、牛蒡的栽培

1. 选地与整地

(1) 选地　牛蒡高产栽培时土壤 pH 值要控制在 6.5～7.5,偏酸性或偏碱性的土壤对牛蒡种植均会产生不利的影响。牛蒡高产栽培生产还需要选择疏松、深厚、排水良好的田块,对土壤肥力要求也较高。

(2) 整地　牛蒡播种前需要对种植田块进行整地,并施足底肥。整地可以用开沟机将牛蒡种植田块深翻、耙细,并整平。每亩施入 2 000～3 000 千克的农家肥,同时配合施入复合肥(氮、磷、钾)300～400 千克/亩。最后将田块整成 1.0～1.5 米宽的畦。

2. 适时播种

牛蒡的高产栽培播种可以在春季或秋季进行,春季播种一般在 3 月上旬至 5 月上旬进行,而秋季播种在 9—10 月进行。

小贴士

> 将牛蒡种子条播在整好的畦上,条播时按 50～80 厘米开浅沟,生产上也可以按 80 厘米株距穴播。播种后覆土 3～5 厘米,注意浇入适量的水。每亩牛蒡用种约 1.5 千克,播种后 1 天就能出苗。

3. 田间管理

(1) 间苗、定苗 间苗、定苗是牛蒡高产栽培生产中前期田间管理的重要步骤。牛蒡的间苗和定苗一般在牛蒡苗真叶数量达到 4～5 片时进行,生产上可以按照株距 20 厘米进行间苗。发现有缺苗的地方,可以用间下来的苗进行补栽。补栽可带土进行,要注意避免根部受伤,以免肉质根分叉。当牛蒡苗真叶数量达到 6 片时,按株距 40 厘米定苗,每穴留 1～2 株。

(2) 中耕除草 中耕除草也是牛蒡高产栽培生产中前期田间管理的重要步骤之一。牛蒡种植前期要加强除草,防止杂草的旺盛生长影响牛蒡苗的生长。在牛蒡植株叶片较大时,为了防止中耕对牛蒡植株的损伤,不建议中耕除草。

(3) 施肥 牛蒡生产对肥水的要求也较高。牛蒡定苗后要及时追肥,第一次以农家肥为主,可以每亩施加液态农家有机肥 1 000 千克左右。到 6 月中旬,可以进行第二次追肥,每亩施加液态农家有机肥 1 500 千克。施肥后,要加强水分管理,及时浇水,同时雨季要注意排水,防止涝害。

三、牛蒡的病虫害防治

牛蒡的高产栽培生产过程中,病虫害对牛蒡的产量和品质影响很大,其中危害牛蒡生产较严重的主要病害有黑斑病、叶斑病、白粉病等,主要虫害有蛴螬、蚜虫、连纹夜蛾等。

1. 病害

(1) 黑斑病、叶斑病

① **主要症状**:黑斑病、叶斑病是牛蒡生产中主要的病害之一,多发生于 6 月,感病的牛蒡植株叶片呈现黑斑等病征。

② **防治方法**:生产上,可以使用 70% 甲基托布津可湿性粉剂 1 500～2 000 倍液喷洒

防治,也可以使用 75％百菌清可湿性粉剂 600～800 倍液喷洒防治。

（2）白粉病

① **主要症状**：白粉病主要危害牛蒡植株的叶片,多在 6—7 月阴雨天发生,发病时,牛蒡植株的病叶上布满白粉,严重时,还会导致牛蒡整株枯萎,直至死亡。

② **防治方法**：牛蒡生产上,在白粉病发病初期,喷洒 50％退菌特 1 000 倍液或 50％托布津 800～1 000 倍液进行防治。

2. 虫害

（1）蛴螬

① **主要症状**：蛴螬是牛蒡生产中主要的虫害之一,蛴螬主要危害牛蒡的根,多发生在 5—7 月,对牛蒡的生产造成很大的危害。

② **防治方法**：牛蒡生产中,蛴螬的防治方法主要是冬季进行土地翻耕,将蛴螬冻死。在蛴螬危害严重的季节和田块,也可以人工对蛴螬进行捕杀,在发生危害前进行牛蒡采收,也是降低蛴螬危害的有效方法之一。

（2）蚜虫

① **主要症状**：牛蒡的整个生育期蚜虫都危害其生长,严重时还会造成牛蒡绝产。

② **防治方法**：牛蒡发生蚜虫危害时,可以使用吡虫啉、阿维菌素等进行防治。

（3）连纹夜蛾

① **主要症状**：连纹夜蛾幼虫会咬食牛蒡植株幼嫩的叶片,对牛蒡造成较为严重的危害。

② **防治方法**：牛蒡生产中发生连纹夜蛾危害时,可以利用连纹夜蛾的趋光性来进行防治。

小贴士

牛蒡高产栽培生产忌连作,生产上进行轮作,通常 5～6 年轮作 1 次。根据茬口安排需要,可间隔 3 年进行牛蒡生产。

第三节　牛蒡的采收、食用与加工

一、牛蒡的采收

1. 牛蒡根的采收

高产栽培生产中的牛蒡根收获期较长,秋牛蒡采收,应在 6 月底采挖完毕,可避开蛴蛴幼虫危害期,而春牛蒡应在 9—11 月采收,再晚收获,肉质根易糠心。采收的牛蒡需按照等级及出售距离进行包装。

采收牛蒡根时,先割除其植株地上部离地面 15 厘米的茎叶,然后在牛蒡根的侧面进行深掘,将牛蒡根拔出。注意保持牛蒡根的完整,去除牛蒡根周围的泥土,分级进行捆扎。

2. 牛蒡茎叶的采收

牛蒡茎叶采收通常在 6—9 月进行,采收牛蒡茎叶的同时,应对牛蒡植株进行调整,以促进牛蒡根部膨大,或者促进牛蒡开花。采收的牛蒡茎叶可晒干或鲜用。

3. 牛蒡果实的采收

牛蒡的果实即牛蒡子,其采收通常在 8—9 月,即果实呈灰褐色时,分批采收。牛蒡子采收后,堆积 2~3 日,并于晒场曝晒,脱出果实,扬净,再晒至全干即可。

二、牛蒡的加工与食用

1. 牛蒡根

牛蒡的肉质根肥大、细嫩、香脆,有多种食用方法,可生食、凉拌、炒食、煮食,还可以做成牛蒡饮料、牛蒡茶和牛蒡酒等。

2. 牛蒡嫩茎叶

牛蒡的嫩茎叶有多种食用方法,可以炒食或做汤,干制可泡茶饮用,具有解毒、通经脉、抗衰老等功效。用牛蒡根做菜时,应以肉炖制为宜,可起到良好的食疗功效。

3. 牛蒡子

将牛蒡子筛去泥屑、拣去杂质后,放入锅内,用文火炒,至牛蒡子外面呈微黄色,并散发有淡淡香气即可。

第十一章

芦 荟

《第一节　芦荟的概述》

芦荟[*Aloe vera* var. *chinensis* (Haw) Berg]，为百合科(Liliaceae)芦荟属(*Aloe*)多年生肉质植物。芦荟种类繁多，据不完全统计，世界范围内分布有300多种芦荟，各类杂交种更多。芦荟叶子肥厚、富含汁液，是一种典型的多浆植物。

小贴士

　　部分种类芦荟的叶肉可以食用，是一种特殊的蔬菜食材。同时，芦荟不仅具有很高的食疗价值，而且具有杀菌、抗炎、强心活血等功效，是一种优良的泻药和烫伤药原料。另外，芦荟还是各类护肤美容品中的常用天然添加材料，具有较好的护肤美容功效。

一、芦荟的形态特征

芦荟种类繁多，不同芦荟种类的株型、外观和大小差异很大。芦荟多为多年生常绿草本植物，通常为丛生灌木型。芦荟的叶多簇生，一般肥厚且多汁，叶片呈条状，叶边缘疏生刺状小齿。芦荟的叶片较为宽大，长度能够达到几米，宽度也能够达到20厘米以上。

芦荟是一种较为普遍的观赏植物，其花和叶片均较为美观。芦荟的花为总状花序，花序上有数十朵花，花色丰富，有淡黄色、橘黄色、橘红色等。

二、芦荟的分布

芦荟原产于非洲和地中海地区，分布范围较广，主要分布于东半球的热带地区。目前,我国常见的芦荟称为中国芦荟(*Aloe chinensis* Baker),也称为斑纹芦荟,属于库拉索芦荟的变种,该芦荟品种的叶肉可以制成白色凝胶,是一种常见的植物来源食品添加原料。

在我国,芦荟种植主要分布在云南地区以及福建、江苏、浙江、广东等沿海地区。

三、芦荟的营养成分

芦荟含有丰富的营养成分。研究发现,芦荟叶片含有200多种对人体有益的各种营养成分。其中含量丰富的主要有氨基酸、蛋白质、矿物质、有机酸、维生素以及多种糖类、蒽醌类物质等。

四、芦荟的药用价值

芦荟具有较高的药用价值,是一种优良的药食同源植物。研究证实,芦荟性寒、味苦,具有多种药用功效,能够清肝热、通便、缓泻、杀菌、抗炎等,对改善烧烫伤、癣、疮、痔等也有一定的效果,还具有降血糖、抗病毒、抗辐射、抗肿瘤等作用。另外,芦荟含有的多糖具有提高机体免疫力的作用,含有的类固醇具有中枢神经抑制作用,能够镇痛、镇静和降血压。芦荟含有的丰富多糖和维生素对人体皮肤还具有一定的增白作用。但是要注意,只有少部分芦荟品种能够食用或药用。

在芦荟作为食品或药品使用的时候,应特别注意,芦荟还具有一定的毒性。研究证实,芦荟中含有的蒽醌类化合物具有一定的潜在致癌性。虽然蒽醌类化学物质能够通过刺激大肠蠕动,达到缓解便秘的作用,但是如果食用芦荟过多,反而会引起腹泻。尤其是孕妇和婴幼儿要慎用芦荟制品。

《 第二节 芦荟的人工栽培技术 》

一、芦荟的繁殖

芦荟生产上以无性繁殖的方法为主,主要分为分株繁殖和扦插繁殖。

1. 分株繁殖

芦荟的分株繁殖是将母株周围分株出来的芦荟小苗,通过切断其与芦荟母株连接的地下茎,再连根挖取出来用作定植苗的方法。分株出来的芦荟小苗可分别于每年的春、秋两季定植于大田。

2. 扦插繁殖

芦荟的扦插繁殖是将从芦荟母株上切取下来的新芽,扦插繁殖成芦荟小苗的方法。

切取的芦荟新芽通常长 5～10 厘米即可,切取后应先将其放于阴凉处,待切口稍干后即可扦插于苗床上。扦插的后期管理需要注意遮阴,并保持苗床土壤的湿度,以利于前期苗的生根成活。芦荟新芽扦插后 20 天左右即可生根,扦插繁殖的芦荟幼苗培育 2～3 个月即可用于芦荟大田栽培定植。

二、芦荟的栽培

1. 主栽品种的选择和栽培条件

目前,我国芦荟高产栽培中使用的主栽品种多为库拉索芦荟、上农大叶芦荟等。芦荟生长对温度、湿度等条件要求较高,其最适生长温度在 15～28 ℃之间,芦荟耐旱怕水涝,生长的空气相对湿度在 75%～85% 之间。

冬季平均气温在 5 ℃以上的地区,可以进行芦荟的露地栽培。冬季平均气温在−5～5 ℃之间,芦荟植株可以在大棚内越冬,因此可以进行芦荟大棚栽培。冬季平均气温低于−5 ℃的地区进行芦荟的栽培,需要对温室加温以保证芦荟安全越冬。

2. 定植

芦荟的定植可以分别在春、秋两季进行,定植时可以选用分株芦荟苗或扦插芦荟苗。芦荟的高产栽培中,定植株行距为 50 厘米×50 厘米,每穴栽植 1 株芦荟即可。芦荟的生产大田应做成栽植畦,每畦 2～4 行。芦荟定植时,要注意保护芦荟根不受伤,使根舒展,并覆土压紧。定植后要及时浇水,防止干燥对芦荟幼苗产生伤害,影响定植成活率。

3. 田间管理

(1) 加强水分管理　芦荟高产栽培中对水分的要求较高,栽培田块需要保持土壤湿润,土壤干燥时必须及时浇水,尤其是夏、秋两季。同样,芦荟栽培田块也要控制湿度,注意防涝、防水,将田间湿度控制在一定范围。

(2) 注意合理施肥　芦荟高产栽培中要注意合理施肥,以达到促进芦荟植株生长的要求。芦荟生产中要以腐熟的有机肥作为基肥,根据需要施用化肥。芦荟生长期间,每年可以施肥 3～4 次,每次施入腐熟有机肥 4 000～5 000 千克/亩,根据需要追施尿素 6 千克/亩,过磷酸钙 50 千克/亩。

(3) 适当松土除草　芦荟高产栽培中要进行适当的松土和除草,以免杂草生长旺盛而影响芦荟的生长,导致芦荟的产量和品质下降。另外,松土也可以防止土壤板结对芦荟的影响。

三、芦荟的病虫害防治

芦荟的大田生产过程中,病虫害发生的次数相对其他蔬菜类作物而言较少。芦荟高产栽培中发生病虫害的种类和严重程度存在较大的地区差异。

1. 病害

芦荟生产中主要受黑斑病的影响较大,一般在湿度过大时发生,主要症状是叶、茎出现黑斑。可以通过排除积水、去除杂草、加强通风等手段来综合防治。

2. 虫害

危害芦荟的害虫主要有红蜘蛛、蚜虫、介壳虫等,芦荟生产上,可以喷洒阿维菌素、乙唑螨腈等防治该类害虫。

第三节　芦荟的采收、食用与加工

一、芦荟的采收

芦荟主要收获的器官是其叶片,而芦荟叶片中的有效成分随着芦荟生长年限的延长而逐步增加。通常,大田生产的芦荟经过2～3年的生长就可采收。芦荟叶片采摘时,在其叶片基部用锋利的刀划一个小口,然后侧向用力将整个芦荟的单张叶片取下。芦荟采收时,应从芦荟基部的叶片开始采摘。为了尽可能降低采收叶片对芦荟生长的影响,采收时需要保留一部分叶片,通常植株顶端嫩叶保留8～12片。

> **小贴士**
>
> 理论上,根据市场行情和需要,芦荟的叶片一年四季均可以采摘。但实际上,我国南方地区大田种植的芦荟,由于夏季气温较高,阳光直射,长势通常会受到一定影响。因此,南方地区露天种植的芦荟,夏末秋初不是其采收的最佳季节。我国北方地区气温偏低,芦荟种植一般在温室内进行,低温使芦荟的生长比较缓慢。因此,我国北方地区温室生产的芦荟,冬末春初不是其采收的最佳季节。

二、芦荟的加工与保鲜

芦荟叶片的采摘,使得叶片脱离母体的营养和水分供应,同时芦荟叶片内的多种活性成分也会发生分解和降解,这些都对芦荟叶片的品质产生较大的影响。另外,芦荟叶片中含有的多糖、氨基酸等营养成分使得芦荟叶片很容易受到细菌和真菌的污染。因此,芦荟叶片采收后的保鲜技术与芦荟的储存、运输对于芦荟产业链而言非常重要。

芦荟叶片采收过程中保持芦荟叶片的完整,避免破损是芦荟叶片保鲜的重要前提。储存时的低温、干燥和通风的环境对于芦荟保鲜同样重要。

新鲜采摘的芦荟叶片,要尽快进入加工或食用环节,通常采摘后 6 小时内是芦荟叶片加工的较好时间,从采收到加工时间太长对芦荟品质影响较大。确需储存的芦荟鲜叶片,要放在具有控温系统的低温库中,并使温度保持在 4～7 ℃。生产上,如果没有低温储存条件,就要把采收的芦荟鲜叶储存在防雨、防晒、干燥、通风的环境条件下。

三、芦荟的主要食用方法

芦荟具有丰富的营养成分,也具有独特的风味,是一种非常好的食材。芦荟的叶片去除表皮后可以直接生食,也可以做成各种菜肴。另外,芦荟也可以深加工成多种产品,具有很高的经济价值。

1. 芦荟叶肉的鲜食和菜肴的加工

将新鲜采摘的芦荟叶片用清水洗干净,去除表皮,分割成小段或小块后,即可鲜食或加工成各类菜肴。芦荟叶肉的鲜食具有良好的保健功效。

2. 芦荟汁及其饮品

将新鲜采摘的芦荟叶片用清水洗干净,去除表皮,分割成小段或小块后,使用家用粉碎机或榨汁机进行榨汁,根据口味添加适量的糖、蜂蜜等,具有较好的口感和保健效果。

3. 芦荟酒

将新鲜采摘的芦荟叶片用清水洗净,去除表皮,分割成小段或小块后,放入容器中,加入适度的白酒泡制。根据口味加入适当的糖和蜂蜜,泡制一定时间即可成为芦荟酒。

4. 芦荟奶

将新鲜采摘的芦荟叶片用清水洗干净,去除表皮,分割成小段或小块后,添加于牛奶当中,制成芦荟奶,是一种非常好的营养制品。

第十二章

诸葛菜

〈第一节 诸葛菜的概述〉

诸葛菜（*Orychophragmus violaceus* L.），为十字花科（Brassicaceae）诸葛菜属（*Orychophragmus*）一年或二年生草本植物，俗称大兜菜、大头菜等。在我国，诸葛菜通常会在农历二月前后开花，花色主要有淡蓝色、淡紫色、白色，因此诸葛菜又称为"二月兰"或"二月蓝"。诸葛菜的嫩茎叶可食用，是一种优良的野生蔬菜，具有很高的营养价值和经济价值。

民间传说诸葛亮广泛种植该菜，用于补充军中粮草，故得名"诸葛菜"，又称之为"孔明菜"。另外，诸葛菜又被称为"紫金草"，是中日友好的见证。

一、诸葛菜的形态特征

诸葛菜的植株较为高大，株高能够达到 70 厘米，正常栽培条件下，株高为 30～50 厘米。诸葛菜的单一茎秆直立，叶片形态在不同变种之间变化较大。诸葛菜的花序为顶生总状花序，花色为蓝紫色，后期花色会变淡直至呈白色。诸葛菜花有 4 枚花瓣，6 枚雄蕊，其果实长7 厘米左右，一个果实中含有多个种子。诸葛菜的种子为黑褐色，形状呈卵形或长圆形。诸葛菜的花期为农历二月左右，果期 5—7 月，果实成熟后会自然开裂，弹出种子。

二、诸葛菜的生境及分布

诸葛菜原产于我国的东部，主要在东北、华北的部分地区。诸葛菜在我国分布广泛，东北（辽宁）、华北（河北、山西）、西北（陕西、甘肃）、华东（安徽、山东、江苏、浙江、江西、上海）、西南（四川、贵州）以及华中（湖北、河南）等地区均有分布。近年来，诸葛菜作为一种观赏植物和特殊的野生蔬菜资源经人工引种栽培，分布范围进一步扩大。

诸葛菜常生长于平原、山地、地边、路旁或树林边，在我国的大多数地区均有分布。诸葛菜具有较强的耐寒性和耐阴性,栽培管理要求不高,对土壤的要求也不严。

三、诸葛菜的营养成分

诸葛菜是一种早春常见的野生蔬菜,其嫩茎叶含有丰富的营养成分。测定分析显示,诸葛菜嫩茎叶中含有丰富的胡萝卜素、蛋白质、维生素和矿物质元素,也含有丰富的氨基酸。另外,诸葛菜是一种具有较高经济价值的油料作物,其种子含油量很高,达50%左右,种子油中含有丰富的亚油酸,对人体具有较高的保健价值。

四、诸葛菜的药用价值

诸葛菜具有很好的药用价值,其含有多种营养成分,且诸葛菜性平、味辛甘,有开胃下气、利湿解毒的功效,是一种重要的药用野生蔬菜资源。诸葛菜在食欲不振、热毒、风肿、黄疸等症状的调养方面具有较好的效果。诸葛菜含有丰富的人体必需氨基酸、蛋白质,以及丰富的维生素、矿物质元素和微量元素,在夜盲症、维生素C缺乏病等病症的改善和预防上有较好的效果。另外,诸葛菜的种子油中富含的亚油酸对心血管病患者具有良好的帮助,可以降低胆固醇和血脂,软化血管和防止血栓形成。

五、诸葛菜的观赏价值

诸葛菜于早春开花,花开成片,花色为淡蓝色、淡紫色或白色,非常美观,具有很高的观赏价值。诸葛菜耐寒性较强,种植的范围较广,而且其花期从农历二月开始,可持续数月,是一种可以在林边、街道、居民小区、企事业单位、路边两侧种植的观赏植物。位于江苏省南京市南京理工大学校内水杉林下的"二月兰"已经成为南京市的一张新名片。

第二节 诸葛菜的人工栽培技术

诸葛菜适应性强,对土壤环境的要求不高,而且具有较强的耐寒性。诸葛菜在肥沃、湿润、阳光充足的生产田块中能够健壮生长,在中性或弱碱性土壤中也能表现出良好的生产性能。诸葛菜耐阴性强,在阴湿环境中可以获得较好的收成,在林下等具有一定散射光的环境下,也可以正常的生长、开花、结籽,获得较好的产量。

一、诸葛菜的繁殖

诸葛菜的繁殖能力很强,生产上主要通过种子繁殖。成熟的诸葛菜植株上落下的种子能够发芽繁殖出新的诸葛菜幼苗。因诸葛菜幼苗具有良好的抗杂草能力,直接将诸葛菜种子撒播到没有经耕翻的田块或是林下土壤,同样能够成苗而获得良好的经济产量。

二、诸葛菜的栽培

1. 栽培模式

生产上,根据诸葛菜的生长特性,可以选择单种和套种等生产栽培模式。

(1) 单种栽培模式 单种栽培模式指在一块栽植田块上单一种植诸葛菜的种植方式。诸葛菜的单种栽培方式可以在高产田块、公园、林边、小区、道路两侧绿化带等地块种植。诸葛菜的种植对于美化环境,增加绿地面积,防止水土流失具有较好的效果。另外,诸葛菜的种植也能提高种植单位和个人的经济效益。

(2) 套种栽培模式 套种是诸葛菜高产栽培生产中的另外一种常见栽培模式。由于诸葛菜具有较强的耐阴性,生产上常在林下套种诸葛菜。

2. 栽培用地的整理

诸葛菜高产栽培中要进行生产用地界线选择和整理。诸葛菜生长对土壤要求不高,一般的土壤条件都能够完成其生育史。生产上,为了获得高产稳产,应该选择土层深厚、肥力较高、排灌条件较好的田块,缓坡地、林果园、林下的壤质地块也是诸葛菜种植的优质地块。

诸葛菜播种前要对田块进行翻耕,然后耙平,去除田块的硬块和瓦砾,同时清除田间杂草。结合对田块的翻耕施足腐熟粪肥、草木灰等基肥,将田块整理成 1.5 米宽的垄畦,并开好排水沟。

3. 种子获得

生产上播种的诸葛菜种子要选用优质的精选种子。由于诸葛菜的种子有后熟作用,生产上要选用通过休眠期的新种子进行种植。播种前,通过发芽试验,准确掌握种子的发芽率和发芽势。

4. 播种

生产上,诸葛菜通常在 8—9 月进行播种,其中以 8 月播种为佳,最迟应于 9 月底前完成播种。如果播种过晚,则诸葛菜苗过小不易越冬。

诸葛菜的播种方式主要有两种,即撒播和条播。诸葛菜的播种要浅播,播种量以每亩 1.0~1.3 千克为宜,管理粗放时可以适当增加播种量。生产上,诸葛菜条播的行距控制在 15~20 厘米。诸葛菜种子撒播后,要及时使用工具进行翻土掩盖,播后覆 1 厘米左右的细肥土可以促进诸葛菜出苗。

5. 田间管理

(1) 追肥 生产上,为了获得诸葛菜的高产,需要及时施加肥料。诸葛菜高产栽培中,要施足基肥,施好提苗肥,并进行必要的追肥。追肥时间可以放在采收后进行,每亩可以施用人畜粪肥 1 200 千克,在翌年春季,每亩追施 3~4 千克尿素。

（2）灌溉及排水　诸葛菜生产中，要加强水分管理，防止干旱和水涝对其产生的影响。诸葛菜生长过程中，有水涝时要及时排水，干旱时要及时灌溉。另外，越冬前需要对诸葛菜生产田块进行灌溉，在返青时也应适当灌溉。

（3）杂草的防治　诸葛菜生产过程中前期幼苗较小时容易发生草害，该阶段要加强杂草的防治，降低危害。

三、诸葛菜的病虫害防治

诸葛菜的高产栽培过程中，病虫害的发生率相对于其他大田蔬菜较低。通常对诸葛菜产生危害的病害主要有蝶蛾类病毒病、白粉病和锈病等，虫害主要有蚜虫、红蜘蛛等。诸葛菜生产中可以通过合理栽培和肥水管理进行预防。

在病害发生时，可以喷洒50％疫霉净500倍液进行防治。另外，可以在虫害期提前使用1％的波尔多液预防，及时清除病株以防止病害进一步蔓延。生产上，适时合理地进行诸葛菜采收，也是病虫害防治的一种有效措施。

使用化学药剂进行诸葛菜病虫害防治时，要慎重选择化学药剂种类，禁止使用剧毒、高残留的化学农药。

第三节　诸葛菜的采收、食用与加工

一、诸葛菜的采收

诸葛菜的利用方式主要分为鲜食、饲用、种子（种子油）等，由于用途不一样，其采收的方式和采收的季节也不同。

作为野生蔬菜食用的诸葛菜，当植株高度达到15厘米左右时，可以采收诸葛菜植株的嫩茎叶。诸葛菜嫩茎叶的采收可以分批进行。到第二年可采收诸葛菜菜薹，其鲜嫩可口、风味独特，是一道具有独特风味的野生蔬菜。菜薹的采收一般在诸葛菜抽薹期进行，控制在薹现蕾不开花前采收。生产上，诸葛菜菜薹通常在4月上中旬采收。

作为饲料用的诸葛菜在植株长到20厘米以上至翌年现蕾期间均可以采收。

诸葛菜种子的收获通常在第二年的5—6月进行。诸葛菜果实成熟后，要及时收割，晒干脱粒后即可。

二、诸葛菜的食用与加工

1. 嫩茎叶和菜薹作为蔬菜食用

诸葛菜具有独特的风味，其嫩茎叶可以作为蔬菜食用，具有较高的经济价值，而且在我国蔬菜供应上也具有独特的地位。诸葛菜的嫩茎叶和菜薹的产量较大,营养丰富,在春、夏和初秋都可以供应市场。诸葛菜的嫩茎叶和菜薹通过水烫后可去除苦味,炒食、凉拌或做汤均可。另外,诸葛菜也可以用糖醋浸渍后食用,还可以用开水烫过后晾干贮存。

2. 诸葛菜种子油

诸葛菜种子的含油量很高,测定显示其数值高达 50%。诸葛菜种子收获后,可以通过压榨或是其他方法加工获得油脂。诸葛菜种子油富含油酸、亚油酸,品质优良,可以降低胆固醇和血脂,是一种高品质的种子油。

第十三章

紫花苜蓿

第一节　紫花苜蓿的概述

紫花苜蓿(*Medicago sativa* L.)，为豆科(Leguminosae)苜蓿属(*Medicago*)多年生草本植物。紫花苜蓿又名紫苜蓿、牧蓿、苜蓿、路蒸等，英文名 Alfalfa 或 Lucerne。紫花苜蓿拥有悠久的栽培历史，据考证，紫花苜蓿在 3 000 年前就已经被种植，主要作为蔬菜、饲料使用。有研究报道，紫花苜蓿是迄今发现对人体健康有益、营养覆盖最全面的草本植物之一。

一、紫花苜蓿的形态特征

紫花苜蓿属于豆科苜蓿属的一种多年生草本植物，株高通常在 30～100 厘米之间。紫花苜蓿有发达的主根，根系深度大且有较多的侧根。紫花苜蓿的茎直立或匍匐，细而密，茎秆表面光滑，有较多的分枝。

紫花苜蓿的叶片为羽状复叶，小叶呈长圆形或长卵形。紫花苜蓿的花为总状花序或头状花序，长 1.0～2.5 厘米，每个花序有小花 5～30 朵，花长 6～12 毫米。紫花苜蓿花色通常为紫色，其荚果通常呈暗褐色，每荚含 4～8 粒种子。

二、紫花苜蓿的起源及分布

紫花苜蓿起源于伊朗、外高加索、小亚细亚等国和地区。距今 3 000 年前，古波斯就有关于种植紫花苜蓿的记录。紫花苜蓿的种植非常广泛，各大洲均有种植。苜蓿目前是全世界种植面积第二位的豆科植物(第一位的是大豆)，每年全世界种植约 3 300 万公顷。美国、阿根廷、加拿大、俄罗斯、中国、澳大利亚、智利、欧洲、新西兰等是主产区。目前我国每年的种植面积超过 100 万公顷，全国各地均有栽培或野生分布，主要栽培区域为北方。

三、紫花苜蓿的营养成分

紫花苜蓿是一种常见的野生蔬菜,含有丰富的营养成分,尤其是粗蛋白质、维生素含量丰富。研究证实,紫花苜蓿不仅含有丰富的蛋白质、碳水化合物、胡萝卜素、维生素,而且含有丰富的矿物质元素,主要有钙、磷、铁等。另外,紫花苜蓿中还含有丰富的皂苷、卢琴醇、大豆黄酮、苜蓿酚、苜蓿素、果胶酸等物质。

四、紫花苜蓿的药用价值

紫花苜蓿具有良好的药用价值,是一种重要的药用野生蔬菜资源。紫花苜蓿富含 β-胡萝卜素,具有较好的防癌功效。紫花苜蓿还具有促进胃肠蠕动,清理肠道,减少便秘的作用。

第二节　紫花苜蓿的人工栽培技术

紫花苜蓿具有多种用途,是一种重要的牧草资源,同时也是一种观赏植物,还是一种特殊的野生蔬菜。

紫花苜蓿具有很强的适应性,我国绝大多数地区均可以种植。紫花苜蓿的高产栽培生产主要在温暖和半湿润气候地区,其最适生长温度为 20~25 ℃,生产上多选择地势平坦、土层深厚、排水良好的田块。

一、紫花苜蓿的繁殖

紫花苜蓿的繁殖方式主要有种子播种和分株繁殖两种,其中种子播种为生产上的常见方式。

二、紫花苜蓿的栽培

1. 栽培模式

生产上,紫花苜蓿的栽培模式主要有单播和混播两种方式。

(1) 单播　紫花苜蓿单播栽培方式指单一田块中只种植紫花苜蓿一种作物的栽培方式。条播、撒播和穴播是紫花苜蓿高产栽培生产上常用的三种播种方式,以条播为主,每亩用种 1.2~1.5 千克。单播时要注意土壤的湿度,播种后要加强肥水管理。

(2) 混播　紫花苜蓿混播栽培方式指单一田块中同时种植紫花苜蓿和其他作物的栽培方式。生产上与紫花苜蓿混播的植物主要有多年生黑麦草、无芒雀麦、鹅冠草等。紫花苜蓿混播播种的方式可以采取撒播、条播,播种时要注意将种子混合均匀,控制混播种子的比例,通常紫花苜蓿的种子可以达到 40%～50%。

2. 种子获得

种子质量是紫花苜蓿生产中的关键,获得高质量的紫花苜蓿生产用种对于紫花苜蓿高产栽培很重要。紫花苜蓿的留种田应选择高产田块,并以紫花苜蓿第一茬的植株留种,通常紫花苜蓿种子产量能够达到每亩 20 千克左右。收获的紫花苜蓿种子要经过干燥后保存,注意控制种子的湿度。

3. 播种前处理

播种前,为了提高种子的出苗率,从而提高播种质量,要对紫花苜蓿的种子进行清洗、消毒等处理。

(1) 紫花苜蓿种子的清选　种子的清选是为了保证紫花苜蓿种子的纯净度和整齐度。通过物理方法(风、过筛、水浮力等)去除紫花苜蓿种子中的杂质和不好的种子。

(2) 紫花苜蓿种子的消毒　种子的消毒是为了杀灭种子中的病、虫等活体,降低紫花苜蓿生长过程中的病虫害发生率。紫花苜蓿种子的消毒可以采取物理和化学的方法进行,其中物理方法可以使用日晒、烘干、水烫、蒸气等;化学方法主要是使用一些低毒、低残留的广谱性化学药剂对紫花苜蓿种子进行拌种、浸泡或熏蒸。化学处理要注意时间的选择,通常在播种前 1～2 周进行。

4. 接种根瘤菌

紫花苜蓿接种根瘤菌对于提高出苗率、紫花苜蓿的生长量、品质等方面均具有良好的效果。同时,豆科植物的紫花苜蓿接种根瘤菌还可以提高土壤肥力,对后茬作物生长有促进作用。紫花苜蓿生产上,可以使用具包衣的种子,在种子包衣中预先包被根瘤菌。如果条件不允许,未使用包衣种子,使用裸种,那么可以将根瘤发达的紫花苜蓿植株根瘤取下,敲碎后拌种,也可以使用老土拌种等方法。

5. 播种

生产上,需要根据生产田块的条件来确定紫花苜蓿播种的深度,如果土壤湿度偏大,则宜浅播;如果土壤湿度偏小,则宜适当深播。播种深度以 1.0～2.5 厘米为宜。

6. 中耕

紫花苜蓿高产栽培生产的第一年,其植株生长较为缓慢,植株的生长势较弱,受草害的危害较大,草害发生严重的生产田块,会造成紫花苜蓿产量和品质的显著下降,因此紫花苜蓿生产中要加强草害的防治。生产上,在紫花苜蓿播种到出苗期间,草害发生时可以通过人工除草的方式减轻草害的危害。每年可以中耕除草 1～2 次。另外,每季收割紫花苜蓿后,为了防止土壤板结,也要进行 1 次中耕。

7. 田间管理

(1) 施肥　作物生长过程中外施肥料可以显著提高作物产量和品质,紫花苜蓿高产栽培过程中根据生长特点施加肥料是提高其产量和品质的重要环节。紫花苜蓿生产过程中施加的肥料主要有底肥、种肥和各阶段的追肥。

紫花苜蓿生产田块要施足底肥,底肥通常以农家肥为主,也可以根据田块的肥力情况加入适量的磷肥。底肥一般在播种前结合翻地施入,农家肥的施用量控制在每亩 3 000 千克。在紫花苜蓿播种时,需要施入 40～60 千克/亩的过磷酸钙作为种肥。紫花苜蓿生长过程中,应根据需要多次追肥,分别在返青后、分枝期、现蕾期各追肥 1 次,另外在每次采收后也要进行 1 次追肥。紫花苜蓿生产田块的追肥可以采取条施、撒施和叶面喷施等方式进行。

小贴士

由于紫花苜蓿为豆科植物,其植株的根部生有根瘤,具有固氮的功能,能够满足自身所需,因此在紫花苜蓿生长过程中通常不需要施加氮肥。

(2) 灌溉及排水 紫花苜蓿的根系发达,能够吸取土壤深处的水分,具有较强的抗旱能力。相反,紫花苜蓿不耐涝,如果在生长期遇到雨水过多,排水不畅,容易发生烂根,影响植株生长,直至整株死亡。生产上,土壤相对含水量低于 10％时,要适当对紫花苜蓿种植田块进行灌溉,同时要注意控制灌溉的水量,避免发生涝害。

三、紫花苜蓿的病虫害防治

病虫害是影响紫花苜蓿生产的一个较为重要的因素,会导致紫花苜蓿的产量和品质下降。生产上,紫花苜蓿较易受到病虫的危害。紫花苜蓿发生病虫害,会导致植株出现病斑,叶片和茎秆枯黄、落叶等症状,继而造成紫花苜蓿生长不良,严重的还会导致整株枯死。

1. 病害

(1) 病害种类 紫花苜蓿生长过程中,危害较严重的病害主要有苜蓿霜霉病、苜蓿锈病、苜蓿褐斑病、苜蓿黄斑病、苜蓿白斑病、苜蓿白粉病、苜蓿春季黑茎病和叶斑病、苜蓿花叶病等。

(2) 防治方法 紫花苜蓿发生锈病、霜霉病时,可以喷洒 25％粉锈宁可湿性粉剂 1 000～1 500 倍液进行防治;发生菌核病时,可以喷洒 50％速克灵可湿性粉剂 60 克/亩进行防治;发生炭疽病时,可以喷洒 10％世高可湿性粉剂 60 克/亩进行防治。使用化学药剂进行紫花苜蓿病害防治时,要慎重选择化学药剂种类,禁止使用剧毒、高残留的化学农药。

2. 虫害

（1）虫害种类 紫花苜蓿生长过程中，危害较严重的虫害主要有蚜虫、蓟马、地老虎、苜蓿夜蛾等。

（2）防治方法 紫花苜蓿发生虫害时，可以喷洒 5％高效氯氰菊酯乳油 2 000 倍液或 10％吡虫啉乳油 2 000 倍液进行防治。使用化学药剂进行紫花苜蓿虫害防治时，要慎重选择化学药剂种类，禁止使用剧毒、高残留的化学农药。

第三节 紫花苜蓿的采收、食用与加工

紫花苜蓿是一种特色蔬菜，具有很高的营养价值，也具有很好的经济效益。紫花苜蓿作为蔬菜食用历史悠久。通常，紫花苜蓿的嫩叶可以作为蔬菜食用，是一种营养丰富的绿叶蔬菜。另外，紫花苜蓿的茎秆、叶片和花粉制品等具有较好的保健作用，紫花苜蓿还是一种重要的饲料蛋白来源。

一、紫花苜蓿的采收

通常，紫花苜蓿的采收在始花期至盛花期期间进行。紫花苜蓿的收割要注意留茬 4 厘米左右，收割后要及时进行后续加工，避免雨淋。

二、紫花苜蓿的食用与加工

紫花苜蓿具有多种菜用和饲用用途。近年来，随着生活水平的日益提高，人们对蔬菜的食用方式、种类、品质和风味提出更高的要求。紫花苜蓿由于具有丰富的营养、独特的风味以及较好的保健效果，深受人们的喜爱。

1. 鲜食蔬菜

采收新鲜的紫花苜蓿嫩茎叶，清水洗净后，可以作为鲜食蔬菜用旺火重油炒食，即是一道鲜嫩的绿叶菜。

凉拌紫花苜蓿的嫩茎叶是紫花苜蓿菜用的另外一种简单加工方式。采收鲜嫩的紫花苜蓿茎叶，洗净后用开水焯一下，经凉水冲洗冷却、沥干后，根据口味加入调味品，拌匀即可。凉拌紫花苜蓿具有味道鲜美的特点，还具有较好的食疗效果。紫花苜蓿的汁液，也可以用作凉拌菜加工辅料，具有清新可口的特点。

2. 芽菜

利用紫花苜蓿的种子生产芽菜，是紫花苜蓿另一种蔬菜食用的方式。

3. 干制蔬菜

干制蔬菜是对紫花苜蓿进行初级加工后的蔬菜。其主要加工过程是将紫花苜蓿的嫩茎、叶、花等材料，经过清水洗涤、干燥、粉碎等加工过程，最后获得干制的紫花苜蓿产品。干制加工能够较好地保留紫花苜蓿的营养成分，并且能够大幅度延长紫花苜蓿食用时间。

4. 深加工产品

紫花苜蓿含有丰富的营养成分和一些特有的药物成分，可以通过深加工获得附加值高、功效成分富集的产品。

5. 饲料加工

紫花苜蓿是一种重要的饲料，在养殖业中的地位举足轻重。紫花苜蓿的牧草加工技术流程也已比较成熟。

第十四章

马兰头

❁第一节　马兰头的概述❁

马兰头（*Kalimeris indica* L.），为菊科（Asteraceae）马兰属（*Kalimeris*）多年生宿根性草本植物，其嫩茎叶可以作为蔬菜食用，为初春或秋季较受欢迎的野生绿叶蔬菜。马兰头即马兰，别名鸡儿肠、螃蜞头草、过路菊、田边菊、紫菊和红梗菜等。

由于人们通常采摘马兰的嫩茎叶头作为蔬菜食用，因此通常称之为"马兰头"。马兰头生长在路边、田野、山坡等野地上，在我国大部分地区都有分布。目前，我国江浙一带人工栽培较多，马兰头在南京已有较大的种植面积。

一、马兰头的形态特征

马兰头的植株丛生，植株的高度通常为 30～60 厘米。马兰头的茎直立，茎秆粗通常为 0.4～0.7 厘米。马兰头为互生叶，叶片的长和宽分别为 6 厘米和 2 厘米左右，叶片的边缘呈羽状浅裂或疏粗齿，具有明显的叶脉。马兰头叶片通常呈紫红色或深绿色。

马兰头是头状花序，具筒状花多数，马兰头的花通常为淡紫色或淡黄色，生产上一般 7 月份开花。马兰头有褐色扁平的瘦果，种子 10 月份成熟。

二、马兰头的生境及分布

在我国，马兰头分布广泛，在长江流域是常见的野生蔬菜，在江苏、浙江、上海和安徽等地区更为普遍。世界上，马兰头主要分布于亚洲东南部地区。

马兰头具有很强的适应性，能够耐受较高的温度，在大于 30 ℃的温度下也能正常生长。马兰头还能够耐受较低的温度，具有极强的耐寒性，能够度过－10 ℃的低温。此外，马兰头耐瘠薄能力较强，同时对光照的要求也不高。生产上，光照充裕、土壤肥沃的环境条件下马兰头植株生长更好。

三、马兰头的营养成分

马兰头含有多种营养成分,是一种具有很高营养价值的野生蔬菜。研究发现,马兰头含有丰富的维生素、β-胡萝卜素、氨基酸和矿物质元素,其中钾、钙、磷、铜、铁、锌、钠等元素含量较高。马兰头还含有多种氨基酸,其中包括7种人体必需的氨基酸。

另外,马兰头不仅含有丰富的蛋白质、脂肪、碳水化合物,而且含有一些特殊的化学成分,其中有甲酸龙脑酯、乙酸龙脑酯、酚类、二聚烯、倍半萜烯和辛酸等。

四、马兰头的药用价值

马兰头具有很高的药用价值,含有多种药用成分,是一种重要的药用野生蔬菜资源。《本草纲目》记载马兰头可"破宿血,养新血,止鼻血吐血,合金疮,断血痢,解酒疸及诸菌毒"等。

研究证实,马兰头具有凉血止血、解毒消肿、清热利湿的功效,对于扁桃体炎、咽喉炎、外感风热、中耳炎和急性肝炎等多种疾病具有较好的保健效果。

《第二节　马兰头的人工栽培技术》

一、马兰头的繁殖

马兰头主要有两种繁殖方式,即种子繁殖和分株繁殖。

1. 种子繁殖

利用马兰头的种子进行繁殖有较多的弊端,原因在于马兰头种子采收难度大,而且种子出苗率很低。生产上,一般不通过种子繁殖进行马兰头的生产栽培。

2. 分株繁殖

通过对马兰头植株进行分株,然后利用分株苗进行繁殖,该方法具有简单、操作容易的特点。马兰头的分株繁殖成活率高,是一种较为常用的繁殖方法。

二、马兰头的栽培

1. 整地做畦

整地做畦是马兰头高产栽培生产的第一步。生产上,要求马兰头种植田块肥沃、疏松,同时该地区应光照充裕,气候湿润。马兰头种植前要对生产田块进行翻耕,去除田间的各类杂草。结合施用底肥进行土地翻耕、整平,然后做畦,且底肥要施足。通常马兰头露地栽培田块的畦宽为 1.5 米,畦两旁的沟深以 10～15 厘米为宜。

2. 移栽

马兰头的分株移栽可以在春秋两季进行,即 4 月下旬至 5 月上旬或 9 月。将马兰头的种根分成多个小种根,然后按照株行距 10 厘米×10 厘米移栽到大田。移栽后,要将种根压实,并及时浇透水,提高成活率。

3. 田间管理

(1) 水肥管理 播种繁殖的马兰头,一般播种后两周左右出苗。马兰头的幼苗较为脆弱,需要及时浇水,防止干旱对幼苗造成伤害。幼苗期,如果干旱较为严重,可以每隔一天进行 1 次浇水。分株繁殖的马兰头也需要加强水分管理,及时浇水,促进分株的马兰头早日成活,发新叶。

马兰头高产栽培中,还需要加强肥料管理,当马兰头幼苗具 2～3 片真叶时,要进行 1 次追肥,在采收前也需要进行 1 次追肥。第一次追肥可以施入腐熟的人畜粪肥,而采收前的追肥除施入腐熟的稀薄人畜粪肥外,还可以根据需要追施速效颗粒肥料。另外,马兰头生产中,施入的化学肥料以氮素为主,根据土壤情况,适当施入磷钾肥。

(2) 杂草的防治 马兰头生产中要加强除草,以免杂草对马兰头的产量和品质造成较大的影响。马兰头生产田块的除草要及时并彻底。

三、马兰头的病虫害防治

马兰头的生长过程中,病虫害发生的概率较小,对马兰头生长造成的影响也较小。马兰头的高产栽培中,如果病虫害对马兰头造成的影响不大,可以不进行防治。如果生产中发生病害,可以选用相应的化学药剂进行防治。使用化学药剂进行马兰头病虫害防治时,要慎重选择化学药剂种类,禁止使用剧毒、高残留的化学农药。

第三节 马兰头的采收、食用与加工

一、马兰头的采收

马兰头生产上,通常出苗或移栽 30～40 天,马兰头的高度达到 10～15 厘米,即可以采收,以后每隔 10～15 天采收 1 次。马兰头的采收较为简单,可直接摘取或用刀割取马兰头的嫩梢。

设施栽培的马兰头,全年均可采收,能够实现周年供应。采收设施栽培的马兰头植株,要按照大苗、小苗分批采收,实现批量采收。

采收的马兰头嫩梢,要注意保存,放置于阴凉、潮湿的环境中。放置过程中,要喷洒水雾,防止马兰头嫩梢萎蔫。采收前应做好采收计划,根据市场需要进行采收。

二、马兰头的食用

马兰头是一种具有特殊风味的野生蔬菜,其食用方法主要有凉拌和炒食。其中炒食的方法是将采收的新鲜马兰头嫩茎叶经清水洗净后,焯水,控干,切碎与香干煸炒拌匀,根据口味适当加入盐、糖、鸡精和香油即可。而凉拌马兰头口感鲜美,特别适合在春季及夏季食用。马兰头还具有较好的食疗效果,但通常认为体寒者不宜食用。

三、马兰头的加工

干制是马兰头的一种加工方式。主要的流程为将新鲜采收的马兰头嫩茎叶进行清洗,然后通过热处理的方式进行干燥,回软后进行包装保存,销售。

第十五章

荠　菜

《第一节　荠菜的概述》

荠菜[*Capsella bursa-pastoris*（L.）Medicus]，为十字花科（Brassicaceae）荠菜属（*Capsella*）一年或二年生草本植物。荠菜又名护生草、枕头草、荠荠菜、稻根子草、地菜、菱闸菜、花紫菜、香善菜、田儿菜、雀雀菜和地米菜等。

荠菜原产中国，其作为蔬菜食用在我国具有悠久的历史，《诗经》中就有将荠菜作为蔬菜食用的记载。荠菜不仅具有独特的清香，味道鲜美，而且具有很高的营养价值，可以做成多种菜肴，是春季主要食用的野生蔬菜。目前，荠菜经过人工培育，已从一种重要的野生蔬菜成为栽培蔬菜，具有很好的经济效益和社会效益。

一、荠菜的形态特征

荠菜主根扎根较深，侧根扎根较浅。荠菜的植株成熟时，株高通常为20～50厘米，茎秆直立，有分枝。荠菜的叶基生，呈羽状分裂，长宽分别为12厘米和2.5厘米左右。

荠菜的花为总状花序，顶生或腋生，具十字花冠。荠菜的扁平短角果为三角形，呈倒卵状或倒心状，短角果的长和宽分别为5～8毫米和4～7毫米。荠菜的种子在短角果中两行分布，呈椭圆形，成熟的种子为浅褐色。荠菜的花期和果期为4—6月。

二、荠菜的生境及分布

荠菜在世界各地分布广泛，主要分布在温带和亚热带等区域，在我国各个地区都有荠菜分布。野生荠菜多见于田野、沟边等，人工栽培简单易行。荠菜喜温，也具有很强的耐寒性，对土壤的要求不高。

三、荠菜的营养成分

荠菜含有丰富的营养成分，且具有独特的风味，是一种经济价值和营养价值都很高的野生蔬菜。荠菜含有丰富的蛋白质、糖类、粗纤维、脂肪、碳水化合物,荠菜也含有丰富的矿物质元素如钙、磷、铁等,荠菜的蛋白质、钙的含量较市场上大部分大宗蔬菜高。另外,荠菜中维生素含量较高,主要有维生素 B_{10}、维生素 B_{20}、维生素 C 等。荠菜还含有一些特殊的营养物质,主要有黄酮苷、胆碱、乙酰胆碱等,对人体具有较高的保健价值。

四、荠菜的药用价值

荠菜含有多种营养成分,是一种具有独特风味的野生蔬菜,同时也具有很高的药用价值。荠菜全株都具有良好的药食功效。荠菜含有的维生素 C 等物质具有增强人体免疫力的功效。荠菜对高血压、胃溃疡、肠炎等疾病具有较好的改善效果,还能够预防头晕等症状。

第二节　荠菜的人工栽培技术

一、荠菜的栽培

1. 栽培季节和品种的选择

荠菜在我国各地均有栽培,其中主要以长江中下游地区为主。在我国长江中下游地区,荠菜可以一年栽培三季,而在北方地区也可以利用设施栽培延长荠菜的生长期。其他地区如果利用设施栽培,受季节的影响较小,一年也可以栽培多季。

可用于生产栽培的荠菜品种较多,其中常见的野生型荠菜品种主要有阔叶型荠菜、麻叶(花叶)型荠菜、紫红叶荠菜,而培育改良的荠菜品种主要为板叶荠菜和散叶荠菜。荠菜的高产栽培上,应根据栽培地区的气候特点和生产田块的土壤条件,结合当地的消费习惯,综合各因素选择荠菜生产用品种。

2. 种子的获得

优质的荠菜生产用种是荠菜高产优质的重要基础,荠菜生产用种可以从荠菜栽培田块进行采收获得。从生产田块采收荠菜种子,与从野外收集相比,能够获得较多且一致的荠菜种子。

荠菜生产用种的采收,需要注意以下几点:

(1) 留种田的选择　荠菜留种田通常选择生长健壮、整齐、无病虫害的荠菜生产田块。

(2) 留种单株的选择　荠菜生产田块,如果品种混杂、生长不整齐,要进行选株,去除一些差异较大的单株,保证收获种子的纯度。去杂、去劣、去病株,可以有效保证采收的荠菜种子质量,从而确保下一代荠菜的高产与优质。

(3) 田间管理　荠菜种子生产田块的管理工作很重要,涉及的方面也较多,有肥水管理、除草、病虫害防治等。

(4) 适时采收荠菜种子　荠菜种子的适时采收对于获得优质的荠菜生产用种很重要。生产上,通常在荠菜植株上的花全部凋谢,荠菜植株的茎秆呈黄色,其种荚也呈浅黄色时为适宜的采收期。此时,从荠菜的果荚上获得的荠菜种子已经呈黄色。

(5) 荠菜种子的收获和保存　荠菜的收割应选择在晴天上午进行。收割后的荠菜要及时进行脱粒和晒干。荠菜种子应避免暴晒,并且需要在干燥阴凉的环境中进行保存。

3. 生产用地的整理

由于草害对荠菜生产影响较大,因此荠菜高产栽培用地需要选择草害较轻的田块。播种前,需要对荠菜生产用地进行整理,施足底肥。荠菜生产上,底肥可以施腐熟的有机肥 2 500 千克/亩。然后,对田块进行翻耕、整平,做平畦。由于荠菜种子颗粒较小,如果荠菜种子漏入土块深处,会造成出苗困难,因此土地要整细、整平。畦宽 1 米左右,畦两边为利于排灌,要做沟。

4. 播种

荠菜的种子细小,不同种植季节荠菜的生产用种量差异较大,通常春季播种用种量为 0.75~1.00 千克/亩,夏季播种用种量为 2.0~2.5 千克/亩,秋季播种用种量为 1.0~1.5 千克/亩。荠菜高产栽培上,播种通常采用撒播的方式。由于荠菜种子细小,因此播种时可以先将荠菜种子与细土进行混合,拌匀后撒播。生产上,一般荠菜种子与细土的比例是 1∶(1~3)。

播种后为促使荠菜种子与土壤更好地接触,可以用低压细小喷头进行洒水,对荠菜种子吸水有益,能够促进荠菜提早出苗。

小贴士

荠菜种子具有休眠期,早秋播的荠菜,如果使用当年采收的荠菜种子,需要打破荠菜种子的休眠。生产上,通常采用低温处理的方法来打破荠菜种子的休眠,具体可以使用 2~7 ℃的低温冰箱处理 7~9 天,待种子萌动后播种。同时要注意,低温处理时间不宜过长,以免低温处理影响其春化作用,导致荠菜植株提早抽薹开花。

如果是夏季播种,则要防止高温、干旱导致的荠菜出苗困难。夏季播种时,可在播前浇湿畦面,播种后使用遮阳网等遮阴材料进行覆盖。生产上,荠菜出苗后,要及时除去遮阳网等遮盖物,避免荠菜苗黄化,生成弱苗,导致后期管理不便。

5. 田间管理

(1) 灌溉和排水　荠菜高产栽培中的水分管理对于荠菜的产量和品质很关键。通常,春季播种的荠菜在5～7天能够达到齐苗,而夏季或秋季播种的荠菜,其齐苗期更短,只要3天即可。荠菜出苗前,需要保持土壤湿润,因此要频繁进行浇水。

荠菜出苗后要保持土壤的湿润,如果出现干旱,会导致荠菜生长受阻,同时,也要注意防止水分过多对荠菜生长产生影响,尤其是雨水较多的季节。另外,秋季播种的荠菜如果需要过冬的话,要注意适当控制水分,防止荠菜植株徒长,影响植株的安全越冬。

(2) 施肥　适当施肥也是荠菜生产中获得优质、高产的荠菜产品的关键因素之一。春季播种和夏季播种的荠菜生长期短,生长过程中通常进行2次追肥,即在幼苗具2片真叶时进行第一次追肥,间隔2～3周后进行第二次追肥。秋季播种的荠菜采收期相对较长,可以适当增加追肥次数,每次采收后都要及时追肥,以保证荠菜的产量和品质。荠菜生产中的追肥可以是腐熟的人畜粪肥或尿素,建议施用1 500千克/亩的腐熟人畜粪肥或50千克/亩的尿素。

(3) 杂草的防治　荠菜生产中,由于荠菜植株较小,杂草对荠菜生长发育的影响较大。荠菜植株也较易与杂草混生,防治较为困难。荠菜高产栽培中,杂草防治主要有以下几个措施:第一,选择杂草危害较小的田块;第二,荠菜生长过程中要适时进行中耕除草;第三,草害严重时,要及时进行拔草,降低草害对荠菜生长的影响。

二、荠菜的病虫害的防治

1. 病害

(1) 病害的发生　荠菜生产中,霜霉病是对荠菜危害较严重的病害之一,尤其是夏季和秋季这种多雨季节,田间湿度过大时更易发生霜霉病害。

(2) 病害的防治　荠菜生产中,在霜霉病的发病初期使用75%百菌清可湿性粉剂500倍液进行喷洒防治。

2. 虫害

(1) 虫害的发生　荠菜生产中,蚜虫是主要的虫害。荠菜发生蚜虫危害后主要表现为叶片呈绿黑色,导致商品性下降。蚜虫还是荠菜病害的重要传播途径之一。通常,荠菜发生蚜虫危害主要在4—6月和9—10月。

(2) 虫害的防治　荠菜发生蚜虫危害后,要及时使用2.5%鱼藤酮500倍液进行喷洒防治。

《 第三节　荠菜的采收、食用与加工 》

一、荠菜的采收

荠菜高产栽培,不同播种季节生长速度不同,从播种到采收的天数也不同。通常,春季播种或夏季播种的荠菜生长速度快,从播种到采收的天数较短,而秋季播种的荠菜生长速度相对较慢,从播种到采收的天数较长。

一般,春播或夏播的荠菜 30～50 天即可采收,整个生育期内可以采收 2 次。早秋播种的荠菜 30～35 天可以采收,整个生产阶段可以采收 4～5 次。而晚秋播种的荠菜,由于生长期内气温逐渐降低,生长速度慢,通常需要 45～50 天才可采收,整个生育期内,可以采收 1～2 次。荠菜的产量较高,通常亩产在 1 500 千克左右,不同播期、不同采收次数、不同生产地域,荠菜的亩产量有较大差异。

当荠菜生长到具 10～13 片真叶时可以进行采收,荠菜的采收要连根挖出。为了保证下批次的产量和品质,采收时可以采收大株、壮株,留小株、弱株,采收密度大的植株,留密度小的植株,以使采收后的荠菜植株分布较为整齐、均匀。

生产上,荠菜采收后,要及时进行追肥和灌溉,以促进采收后荠菜植株的生长发育。

二、荠菜的食用

荠菜具有独特的风味,带有清香,是一种优质的野生蔬菜资源。荠菜主要是以其嫩茎叶作为食用部位,有多种食用方法。

荠菜馅的饺子是一道色香味俱佳的美食,将切碎的荠菜与肉和蛋搅匀后作为馅料制作成的饺子,具有特有的荠菜香味。荠菜作为绿叶菜煸炒,也是一道很好的绿叶菜肴,具有荠菜特有的风味。另外,荠菜还可以作为火锅配菜进行烫食,开胃提神,味道鲜美。荠菜的最佳食用方法是做成蛋花荠菜汤,既美味清淡,又爽口养胃。

三、荠菜的加工

袋装荠菜的加工,能够进一步提高荠菜种植的附加值,增加荠菜种植户的收益。同时,袋装荠菜能够延长荠菜的保鲜期,使得荠菜能够保存较长时间,而且能较大程度地保持荠菜的色泽、鲜嫩和清香。另外,加工的袋装荠菜,可以在室温下放置较长时间,也可以存放于低温冷库中,有利于调节荠菜的季节性供应,更好地服务于人们的需要。

袋装荠菜的加工流程较为简单,所需要的设备也不多,主要有以下几个步骤:

(1) 鲜荠菜的采收和原料的初步处理　采收鲜嫩的荠菜,去杂,用清水洗净。

(2) 碳酸钠溶液处理　使用碳酸钠溶液处理洗净的荠菜原料,碳酸钠溶液浓度控制在 0.01％,处理时间控制在 10 分钟。碳酸钠溶液处理可以去除荠菜叶表层的蜡质,利于后续的加工。

(3) 烫漂　该步骤是荠菜袋装加工流程中极为重要的一个环节。使用 95 ℃ 热水进一步烫漂荠菜原料,不仅能够使荠菜体内的生物酶失活,而且能杀灭多种微生物和细菌,同时烫漂还能够对荠菜色泽起到较好的保护作用。袋装荠菜加工中,烫漂通常维持在 1 分钟左右。

(4) 护色和硬化　使用柠檬酸和硫酸铜可以对荠菜的色泽起到保护作用,袋装荠菜加工中,可以在烫漂时加入上述成分。生产上,务必控制添加的量,以免造成危害。荠菜加工中,通常也会使用氯化钙溶液(0.002％)对荠菜进行硬化处理,荠菜硬化处理的时间在 30 分钟左右,处理后,及时使用清水洗净,并沥干水分。

(5) 真空包装　真空包装是袋装荠菜加工中一个较为关键的步骤。将荠菜按预先设计的规格、重量进行分装,然后使用真空包装机进行包装。荠菜的真空包装可以防止荠菜的氧化,也能较好地控制细菌的繁殖。

(6) 灭菌　对袋装荠菜进行灭菌,能够进一步延长袋装荠菜的保质期。袋装荠菜的灭菌可以使用传统的高温高压灭菌,也可以使用辐射灭菌等方法。

第十六章

马齿苋

❰第一节　马齿苋的概述❱

马齿苋(*Portulaca oleracea* L.)，为马齿苋科(Portulacaceae)马齿苋属(*Portulaca*)一年生肉质草本植物，可以作为蔬菜食用。马齿苋在我国分布广泛，各地区均有分布，多见于路边、田间地头，又被称为长命菜、蚂蚱菜、五行菜、麻绳菜、蚂蚁菜和马舌菜等。马齿苋有丰富的营养、独特的风味，并具有良好的药理作用，是一种优良的野生蔬菜资源，具有很高的经济价值。

一、马齿苋的形态特征

马齿苋植株表面无毛，基部有多个分枝，茎平卧或呈一定角度斜向上生长。马齿苋通常呈淡绿色或微紫红色，其叶片通常互生、对生。马齿苋的叶片呈倒卵形、扁平状，叶片较为肥厚，长和宽分别为1～3厘米和0.5～1.5厘米。

马齿苋的花通常3～5朵簇生于植株枝端叶腋，通常有2～6枚苞片，2枚萼片，5片花瓣。马齿苋的花一般有8枚及以上的雄蕊和无毛的子房。马齿苋的花期通常在5—9月，果期通常在6—10月。

二、马齿苋的生境及分布

马齿苋广泛分布于世界各地，主要是温带和热带地区，在我国各个地区均有分布。马齿苋具有较强的耐热、耐旱、耐涝能力，对光照要求不高，强光条件和弱光条件均能正常生长。野生马齿苋常见于田间、荒地、菜园、路旁。

三、马齿苋的营养成分

马齿苋具有很高的营养价值，含有丰富的营养成分。研究发现，马齿苋鲜叶含水量大约为 92％,且含有 3％的碳水化合物、2.3％的蛋白质、0.7％的粗纤维、0.5％的脂肪。马齿苋含有丰富的胡萝卜素、维生素、泛酸、去甲肾上腺素等成分。马齿苋鲜叶中苹果酸、生物碱、柠檬酸、氨基酸等成分的含量也非常高。马齿苋鲜叶中还含有铁、镁、钙、钾、锌、铝、锶、钛、钼等矿物质元素。

四、马齿苋的药用价值

马齿苋含有丰富的药用成分,全株可入药,具有很高的药用价值,是一种重要的药用野生蔬菜资源。《本草纲目》记载马齿苋能够"散血消肿,利肠滑胎,解毒通淋,治产后虚汗"。

现代医学证明,马齿苋具有较好的抗菌和杀菌作用,因马齿苋的活性成分具有广谱的抗菌作用,其被称为"天然抗生素"。研究表明,马齿苋对痢疾杆菌具有良好的抑制作用,对伤寒、百日咳和肺结核有良好的理疗效果。马齿苋还是预防心血管疾病的良好食材。

第二节　马齿苋的人工栽培技术

马齿苋是一种优质的野生蔬菜,野外能够采收到较多可供食用的野生马齿苋茎叶。目前,马齿苋的人工高产栽培也逐渐得到推广,不仅为人们提供了更多的优质马齿苋,而且能够促进农民的增收。

一、马齿苋的繁殖

马齿苋有多种繁殖方式,通常小规模的栽培或是盆栽马齿苋,可以使用茎段或分枝扦插等无性繁殖方式,而马齿苋的高产栽培,通常使用种子繁殖方式。

二、马齿苋的栽培

1. 主栽品种

目前,我国主要的马齿苋属植物有马齿苋、四瓣马齿苋、毛马齿苋、大花马齿苋、沙生马齿苋和小琉球马齿苋。野生的马齿苋通常表现为叶片小,产量低,味道酸,食用性较差。但野生种马齿苋具有很强的抗病性。经过人工培育的马齿苋栽培品种植株高大、直立,叶片宽,产量高,生长整齐,具有较好的商品性。

2. 栽培季节

我国幅员辽阔,南北地域气候差异大,不同地区马齿苋的栽培季节不同。我国的台湾、广东、海南等南方地区,马齿苋可以在 2 月下旬进行播种。长江中下游流域的江苏和浙江等地区,马齿苋露地栽培可以在 5 月中下旬播种,高产栽培中,马齿苋保护地栽培可以在 4 月份进行播种。华北地区马齿苋的露地栽培,其播种通常在 6 月上中旬。马齿苋栽培也可以分期播种,分期上市。

3. 种子的获得

马齿苋种子非常细小,而且成熟时间有早有晚,成熟期跨度较长,对马齿苋种子的采收造成了一定的困难。田间自然成熟的马齿苋种子会开裂或稍有振动就开裂,然后细小的马齿苋种子就从蒴果中散出。采收马齿苋种子时,可以在马齿苋成熟田块行间或株间铺上纸或薄膜等,然后轻摇马齿苋植株,收集散落在纸或薄膜上的马齿苋种子。

4. 整地

针对马齿苋的生长特点,马齿苋高产栽培宜选择土壤肥沃、疏松的沙质土或壤土田块,地势平坦、排水良好对于马齿苋高产栽培也很重要。整地时可以每亩施入 1 000～2 000 千克有机肥,然后将田块翻耕(15～20 厘米)、耙细、整平。根据田块特点,整成 1 米宽的畦,以备播种。

5. 播种

马齿苋的种子细小,因此可以将马齿苋种子与细沙混匀后,均匀地撒播于预先开好的播种沟内,播后盖上一层细细的薄土。生产上,马齿苋用种量一般为 500～700 克/亩,细沙混合的比例一般为 5～10 倍。马齿苋的播种通常需要在气温超过 15 ℃时进行。

6. 田间管理

(1) 间苗　马齿苋播种后通常 2～4 天能够出苗。撒播的马齿苋出苗 10 天后,其幼苗高度能够达到 3～4 厘米,此时可以进行间苗,撒播马齿苋间苗后的苗间距控制在 5 厘米左右。条播的马齿苋间苗可以在出苗后 20 天进行,此时马齿苋植株高度能够达到 15 厘米,条播的马齿苋苗间距控制在 10 厘米左右。

(2) 除草　马齿苋高产栽培中,除草是重要的管理环节之一。马齿苋苗期植株生长缓慢,易发生杂草危害,需要及时进行除草,要做到有草就除,保持马齿苋生产田块杂草处于较低的水平。

(3) 追肥　马齿苋生产过程中,对肥料的要求也较高。生产上,要在马齿苋间苗后及时进行 1 次追肥。第一次追肥,可以施入硝酸铵 15 千克/亩,结合灌溉进行追肥。马齿苋生长期间,为了保证马齿苋生长发育所需,每次马齿苋采收后要及时进行追肥,可以施入 5 千克/亩的尿素,采收后追肥也可以随水施入 300 倍尿素,同时浇水 2～3 次。

三、马齿苋的病虫害防治

马齿苋抗病性较强,其生产过程中发生虫害的概率较小。马齿苋高产栽培中的主要病害为白粉病、叶斑病和病毒病。

马齿苋发生病毒病可以使用糖醋液(1∶1∶50)进行叶面喷施防治,马齿苋白粉病可以使用800～1 000倍的甲基托布津、粉锈宁进行防治。而马齿苋发生叶斑病时,则可以使用多菌灵、百菌清、速克灵等化学药物进行防治。

第三节 马齿苋的采收、食用与加工

一、马齿苋的采收

马齿苋采收要在开花前进行,通常采收马齿苋鲜嫩的茎叶。马齿苋嫩茎的采收主要摘取中上部嫩茎,采收后马齿苋植株可继续生长。马齿苋采收时注意收大留小,以保持整个田块的持续生产能力。马齿苋的采收可以在整个生育期多次进行,直至霜降。

二、马齿苋的食用

马齿苋嫩茎叶可以作为蔬菜食用,生食、加工后食用均可,具有独特的风味和很高的营养价值。马齿苋鲜嫩的茎叶,可用来做汤,也可做沙拉凉拌,还可以炒食或炖煮。

三、马齿苋的深加工

1. 脱水干制加工技术

马齿苋的脱水加工是重要的深加工方式,其主要的技术流程如下:将新鲜采摘的马齿苋嫩茎叶去杂,洗净;然后使用90～100 ℃热水漂烫;冷却后采用热风干燥的方式进行烘制脱水;最后待回软后进行包装、保存、销售。

马齿苋的脱水加工产品不仅提高了马齿苋的商品价值,使马齿苋种植户和加工企业实现了增收,而且也能够实现马齿苋的周年供应,调节蔬菜淡旺季供应。

2. 马齿苋饮品加工技术

马齿苋具有的独特风味以及较高的营养和药用价值,使得马齿苋饮品具有较为广阔的市场前景。利用马齿苋鲜嫩茎叶为原料加工而成的饮料能止渴,口味酸甜,具有清热解毒的食疗效果。

第十七章

黄花菜

《第一节　黄花菜的概述》

黄花菜［*Hemerocallis citrina* Borani］，为百合科（Liliaceae）萱草属（*Hemerocallis*）多年生草本植物。黄花菜又被称为金针菜、萱草，是一种较为常见的野生蔬菜。黄花菜原产于我国南部地区和日本等地，黄花菜的根、叶、茎、花作为野生蔬菜食用已有几千年的历史。

黄花菜作为野生蔬菜，含有丰富的营养物质，富含蛋白质、维生素及矿物质，为典型的低热值优质野生蔬菜。在我国，黄花菜也作为优质的食疗食品，用途广泛。

一、黄花菜的形态特征

黄花菜植株高度通常能够达到 30～65 厘米。黄花菜植株的根为肉质簇生根，其根端膨大呈纺锤状。黄花菜植株的基生叶通常呈狭长的带状，全缘叶，中脉突出。

黄花菜的花茎从叶腋发出，于茎顶分枝开花。黄花菜的花朵呈橙黄色，花型通常呈漏斗形，花朵较大。生产上，黄花菜的花期一般为 5—9 月。黄花菜的蒴果为椭圆形，成熟的黄花菜种子呈有光泽的黑色。

二、黄花菜的生境及分布

黄花菜在我国分布范围很广，各个地区均有黄花菜的分布和栽培，其中广东、江苏、浙江、湖北、湖南、甘肃、陕西、四川、山西、吉林与内蒙古等地栽培较多。尤以湖南省邵东市、四川省渠县最为著名，分别被誉为"中国黄花菜原产地"和"中国黄花菜之乡"，另外甘肃庆阳、山西大同等地区生产的黄花菜同样具有很高的品质，知名度也很高。

黄花菜具有较强的耐瘠薄、耐干旱能力，生长发育中对土壤条件和光照的要求均不高。生产上，黄花菜常可以与其他高大的作物间作。黄花菜具有相对较强的耐寒能力，其地下部分能够耐受－10 ℃的低温,而地上部分通常会枯死。黄花菜适宜的生长发育温度在 5～25 ℃之间。

三、黄花菜的营养成分

黄花菜是一种营养丰富的野生蔬菜资源,含有人体所必需的各类营养成分。黄花菜还具有独特的风味,也是一种经济价值很高的野生蔬菜。

测定显示,干制黄花菜中含有 14％的蛋白质和 60％的碳水化合物,脂肪含量只有0.4％。另外,黄花菜含有人体所需的 16 种氨基酸和多种矿物质元素,如钙、铁、磷等,黄花菜中胡萝卜素、核黄素、硫胺素、烟酸等物质也较为丰富。

四、黄花菜的药用价值

黄花菜含有一些特殊的物质,具有很高的药用价值。黄花菜性味甘凉,有止血、消炎、清热、利湿、消食、明目、安神等功效,对吐血、大便带血、小便不通、失眠、乳汁不下等有疗效,可作为病后或产后的调补品。黄花菜还能够平肝养血,对改善肝炎、黄疸、大便下血具有较好的功效。

五、黄花菜的观赏功能

黄花菜品种繁多,不同品种花期有一定差异,其花色鲜艳,花开成片,非常美观,可用于庭院布置、园区布置、鲜切花,具有很高的观赏价值。黄花菜开花早,是一种赏花植物,同时,黄花菜绿色的叶片也具有较高的观赏功能。

第二节　黄花菜的人工栽培技术

一、黄花菜的繁殖

生产上,根据种植规模和生产特点,黄花菜通常有 4 种主要的繁殖方式,分别为种子繁殖、分株繁殖、切片育苗繁殖和扦插繁殖,其中种子繁殖和分株繁殖是较为普遍的繁殖方式。

1. 种子繁殖

黄花菜高产栽培生产上使用的种子要选用优质的精选种子。为了获得优质的黄花菜生产用种,需要对种子生产田块进行一系列的管理措施,主要有人工授粉提高受精率、扎蕾防止杂交串粉等措施。另外,还可以在黄花菜的花期施加一定量的硼肥、磷肥,提高坐果率,增加黄花菜种子的产量和质量。

2. 分株繁殖

黄花菜的分株繁殖是黄花菜生产栽培中常用的繁殖方法之一。黄花菜的分株繁殖就是从黄花菜母株一侧分出部分植株作为繁殖的种苗使用，或是将黄花菜植株整株挖出，然后分成多个小株作为种苗进行分栽。黄花菜分株繁殖要注意减少对植株根的伤害。

3. 切片育苗繁殖

黄花菜的切片育苗繁殖方法是在黄花菜收获结束后，将黄花菜植株的根茎挖出，按照黄花菜芽片一株一株分开。具体操作是，先除去黄花菜已枯死的叶和黄花菜短缩茎周围的毛叶，再用锋利的刀片将黄花菜根茎从上向下纵切，根据黄花菜根茎粗壮程度确定切片的次数。通常，黄花菜的切片育苗繁殖中根茎粗壮的可以多次切片，根茎细小的则减少切片次数。生产上，黄花菜根茎每株可以分切成2～6株，根茎粗壮者可达10株左右。进行黄花菜的切片育苗繁殖时，分切的每个黄花菜苗片要上有"苗茎"，下有须根。分切后的黄花菜切片可以使用50％多菌灵1 200倍液浸泡，时间控制在1～2小时，摊晒后使用草木灰混合细土进行包裹，利于提高黄花菜切片幼苗的成活率。

4. 扦插繁殖

扦插也是黄花菜生产中的繁殖方法之一。黄花菜的扦插繁殖是在黄花菜收获结束后，从黄花菜植株上选取苞片鲜绿、生长点明显的植株，从生长点上下各15厘米处剪断作为插条，然后插到土中，并使生长点部分露出地面。

小贴士

黄花菜的扦插繁殖要注意：为了防止黄花菜插条失水，当天剪的黄花菜插条要当天插完，这样可以显著提高黄花菜扦插繁殖的成苗率。扦插后要加强肥水管理。

二、黄花菜的栽培

1. 用地选择

黄花菜具有较强的耐干旱、耐盐碱、耐瘠薄能力，因此黄花菜大田生产上对土壤要求并不高。黄花菜喜水喜肥，选择肥水条件较好的田块有利于黄花菜的高产稳产。同时，黄花菜生产中，需要每年进行垫土以促进根系的生长，地势稍低的地块也是黄花菜生产适宜的地方。

2. 整地

整地是黄花菜高产栽培中一个重要的环节。黄花菜的根系分布通常较深，整地时需要对土壤进行深翻,翻耕的深度要达到20~30厘米。黄花菜生产上,还需要进行整畦,畦宽可以为2米。另外,整地时,要施足底肥,通常可以由有机肥和复合肥组成。

3. 田间管理

(1) 水分管理 黄花菜植株具有较强的耐旱能力,合理的水分管理也是黄花菜高产优质生长的重要管理措施之一。每年的谷雨后要进行第一次灌溉浇水以促进黄花菜叶片伸长,同时对花葶抽生也很重要。随后,黄花菜植株抽葶时要进行第二次浇水,此时需要灌足水,以促进黄花菜植株的抽葶。当黄花菜植株现蕾时,需要进行灌溉,此时的灌溉可以采取沟灌和喷灌等方式,灌溉宜在傍晚时分进行。进入冬季,可以通过合适的灌溉方式,保墒防冻保苗。

(2) 中耕 黄花菜生产中,4月中旬的中耕以保墒为主,随后,中耕可以结合除草。黄花菜生产中通过多次中耕以达到疏松土壤、控制杂草的目的。

(3) 施肥 黄花菜生产中,合理的施肥对于黄花菜的高产稳产非常重要。一年中,黄花菜的施肥主要有苗肥、葶肥、蕾肥和冬肥。

① 苗肥施加:黄花菜生产上,苗期通常是指黄花菜出苗到花葶抽生之间的时期。黄花菜的苗期需要施用苗肥以促进出苗以及叶片的生长,使得黄花菜叶片健壮,为下一阶段花芽分化提供物质基础。

春季施用黄花菜苗肥的时间可以早一些,生产上可以在黄花菜幼苗萌芽时施加。黄花菜苗肥可以施加速效氮、磷、钾肥,各种肥料的配比和用量要与冬肥种类和施用量结合考虑,同时要充分考虑土壤肥力具体情况。

② 葶肥施加:黄花菜生产中,葶肥通常施加两次,分别在黄花菜开始分化花葶前后和开始抽出花葶时进行。黄花菜葶肥施加可以使用速效化肥,生产上,也可以同时施加一定量的有机肥,如人畜粪肥或饼肥。黄花菜的葶肥施加时期正值黄花菜花葶、花蕾发育的关键时期,葶肥施用量比苗肥要多。尤其是花葶抽出后施加第二次葶肥时期,此时黄花菜已经进入生殖生长盛期,对肥料的需要量更大,要注意施加葶肥的种类和数量,以促进黄花菜的生殖生长。

③ 蕾肥施加:黄花菜的花期较长,采摘期也较长,可以连续采摘,因此在黄花菜采摘过程中对肥料的消耗很大。为了获得高产优质的黄花菜产品,生产上需要加强黄花菜蕾肥的施加。黄花菜的蕾肥可以补充黄花菜的营养需求,提高成蕾率,延长黄花菜的采摘期,实现催蕾壮蕾,从而提高黄花菜的产量和品质。

黄花菜蕾肥的施加可以从采摘10天后开始,此时,黄花菜即将进入盛产期。蕾肥施加可以施加速效的尿素,也可以追施过磷酸钙、氯化钾、磷酸二氢钾等。

④ 冬肥施加:黄花菜冬肥的施加是黄花菜一年中最重要的施肥,冬肥的施加种类和施加数量对第二年黄花菜的产量和品质有重要的影响。

黄花菜冬肥施加可以在打霜后,黄花菜植株地上部分凋萎停止生长时进行。黄花菜冬肥主要施加有机肥,且施加的数量要大。另外黄花菜冬肥施加量也要根据生产田块的土壤肥力及施加有机肥种类确定。冬肥的施加要深施、覆土。

三、黄花菜的病虫害防治

黄花菜的高产栽培过程中,病虫害会造成产量和品质的急剧下降。生产上,危害黄花菜的主要病害有锈病、叶枯病、叶斑病、炭疽病、白绢病、褐斑病等,主要的虫害有红蜘蛛、蚜虫等。

1. 病害

（1）锈病

① **主要症状**:黄花菜的锈病危害主要表现为黄花菜植株叶片、花茎受病菌侵染后产生斑点,初成疱状,后多个疱斑连成一片,造成表皮翻卷,后期在黄花菜植株叶面上还会形成黄褐色粉状的孢子。黄花菜锈病会造成叶片失绿呈现淡黄色,或是整个叶片呈现黄色。锈病发生严重时,还会导致黄花菜整株叶片枯死,花茎呈现红褐色,造成黄花菜植株生长受阻,甚至死亡。黄花菜生产上,种植密度大,通风不畅、排水系统不良、施氮肥过多造成营养生长过旺,这些都会导致黄花菜锈病发病加重。

② **防治方法**:生产上,黄花菜的锈病防治主要有加强农事操作和药剂防治两种:一是加强肥水管理,防止田间积水,降低生产田块地表的湿度。进行中耕除草,促进黄花菜植株的生长发育。对病株要及时拔除,并集中烧毁。二是在黄花菜发病严重时,也可以使用药剂进行黄花菜锈病的防治。在锈病发病初期,可以喷洒多菌灵可湿性粉剂、百菌清可湿性粉剂、代森锌倍液等农药。使用化学药剂进行黄花菜锈病防治时,要慎重选择化学药剂种类,禁止使用剧毒、高残留的化学农药。

（2）叶枯病

① **主要症状**:黄花菜的叶枯病主要危害黄花菜植株的叶片。黄花菜叶枯病侵染初期叶尖出现圆形小斑点,斑点呈现苍白色,然后叶片边缘从上向下呈现黄褐色,并逐渐干枯,严重时导致整个叶片枯死。黄花菜生产上,气温偏高,雨水偏多的季节会造成黄花菜叶枯病发病加重,导致黄花菜植株长势变弱,从而影响黄花菜的产量和品质。种植密度过大,通风不畅、排水系统不良、施氮肥过多造成黄花菜营养生长过旺都会导致黄花菜叶枯病的发生。

② **防治方法**:生产上,黄花菜的叶枯病防治也主要是加强农事操作和药剂防治两种方法:一是加强中耕除草、肥水管理等措施,促进黄花菜的生长。二是使用波尔多液、叶枯灵可湿性粉剂、百菌清可湿性粉剂进行叶面喷施防治。

黄花菜叶枯病防治要做到"早发现、早治疗",及时防治,降低叶枯病对黄花菜生长的危害。使用化学药剂进行黄花菜叶枯病防治时,要慎重选择化学药剂种类,禁止使用剧毒、高残留的化学农药。

(3) 叶斑病

① **主要症状**：黄花菜叶斑病主要危害黄花菜植株的叶片和花薹。发生叶斑病时，黄花菜叶片最初呈现黄色小斑点，然后会逐渐发展为暗绿色病斑，严重时病斑呈现梭形或纺锤形。黄花菜叶斑病的病斑边缘呈现深褐色，病斑的中部逐渐由黄褐色发展为灰白色，而且四周呈现黄色晕圈。叶斑病严重时，黄花菜植株叶片会发黄，甚至整片叶片枯死，导致黄花菜植株发育不良。

黄花菜叶斑病还会导致黄花菜植株的花薹染病，花薹发生叶斑病的症状与叶片发病相似，也会形成病斑。黄花菜花薹发生叶斑病会影响花薹的生长，使得黄花菜花蕾发育受阻，严重时还会造成黄花菜花薹枯死，对黄花菜生产造成很大的危害。

② **防治方法**：生产上，黄花菜的叶斑病防治主要有农业防治和药剂防治两种：一是选用抗叶斑病的黄花菜抗病品种，同时加强肥水管理，促进黄花菜植株的生长发育，增强黄花菜植株对叶斑病的抗性。对黄花菜叶斑病感病植株要及时清除，集中处理。二是使用速克灵可湿性粉剂、多硫悬浮剂、甲基硫菌灵悬浮剂、多菌灵可湿性粉剂进行喷洒防治。使用化学药剂进行黄花菜叶斑病防治时，要慎重选择化学药剂种类，禁止使用剧毒、高残留的化学农药。

(4) 炭疽病

① **主要症状**：黄花菜的炭疽病主要危害黄花菜植株的叶片，发生炭疽病时，黄花菜植株的叶片从叶尖逐渐向叶基呈现暗绿色，然后呈现暗黄色。黄花菜发生炭疽病的病斑边缘呈现褐色，密布小黑点。发生炭疽病严重的田块，黄花菜植株叶片会枯死，给黄花菜生产造成很大的危害。

② **防治方法**：生产上，发病的黄花菜田块可以喷洒波尔多液、甲基托布津、多菌灵可湿性粉剂、百菌清可湿性粉剂进行防治。使用化学药剂进行黄花菜炭疽病防治时，要慎重选择化学药剂种类，禁止使用剧毒、高残留的化学农药。

(5) 白绢病

① **主要症状**：黄花菜白绢病主要危害黄花菜植株叶鞘基部、整株或外部叶片的基部。发生白绢病的黄花菜植株最初呈现水渍状褐色病斑，随着病情的加重，病斑会逐渐扩大，患病部位呈现褐色湿腐状，并且在发病部位会出现白色绢丝状物，发病植株周边土壤中也会出现白色绢丝状霉层。发生白绢病的植株基部还会出现紫黄色菌核，油菜籽大小。发病黄花菜植株叶片会出现发黄，严重时导致整个叶片枯死，最后导致整个黄花菜植株死亡，对黄花菜的生产造成很大的危害。

② **防治方法**：生产上，发生白绢病的黄花菜田块要及时采收、清园，降低病原菌菌源。发生白绢病的黄花菜生产田块可以使用多菌灵、托布津进行防治。使用化学药剂进行黄花菜白绢病防治时，要慎重选择化学药剂种类，禁止使用剧毒、高残留的化学农药。

(6) 褐斑病

① **主要症状**：黄花菜褐斑病主要危害黄花菜植株的叶片,发病初期,黄花菜叶片发病部位出现水渍状小点,然后逐渐形成病斑,病斑呈现纺锤形或长梭形,颜色为浅黄色至黄褐色。黄花菜褐斑病形成的病斑较叶斑病小,其大小通常为(0.1～0.2)厘米×(0.5～1.5)厘米。黄花菜褐斑病形成的病斑边缘会有明显的赤褐色晕纹,并形成一圈水渍状暗绿色的环。

② **防治方法**：黄花菜褐斑病的防治可以在发病初期喷洒多菌灵可湿性粉剂、百菌清可湿性粉剂、托布津可湿性粉剂等化学农药进行防治。使用化学药剂进行黄花菜褐斑病防治时,要慎重选择化学药剂种类,禁止使用剧毒、高残留的化学农药。

2. 虫害

(1) 红蜘蛛

① **主要症状**：红蜘蛛是黄花菜生产中主要的虫害之一,红蜘蛛主要危害黄花菜的叶片。红蜘蛛的成虫和幼虫群集在黄花菜植株的叶背面,通过刺吸黄花菜叶片的汁液,对黄花菜造成危害。黄花菜植株发生红蜘蛛危害时,其叶片会出现灰白色小点,然后叶片会出现灰白色,危害发生严重时,会导致整株黄花菜植株枯死,造成黄花菜产量和品质的急剧下降。

② **防治方法**：黄花菜生产中,发生红蜘蛛危害时,可以采取喷洒扫螨净可湿性粉剂、克螨特等药剂进行防治。使用化学药剂进行黄花菜红蜘蛛防治时,要慎重选择化学药剂种类,禁止使用剧毒、高残留的化学农药。

(2) 蚜虫

① **主要症状**：蚜虫主要发生在5月份,也是黄花菜生产中主要的虫害之一。蚜虫先危害黄花菜的叶片,渐至花、花蕾,其危害的方式主要是刺吸汁液。黄花菜植株发生蚜虫危害时,花蕾瘦小,且易脱落,蚜虫危害严重时,会导致黄花菜产量和品质的急剧下降。

② **防治方法**：黄花菜发生蚜虫危害时,可以使用马拉硫黄乳剂或乐果溶液进行喷洒防治。使用化学药剂进行黄花菜蚜虫防治时,要慎重选择化学药剂种类,禁止使用剧毒、高残留的化学农药。

第三节 黄花菜的采收、食用与加工

一、黄花菜的采收

生产上,黄花菜的采收时间很重要,不能过早,也不能过迟。黄花菜采收过早,会导致黄花菜发育不完全,造成产量和品质的下降;采收过迟,黄花菜花蕾过大,会降低黄花菜鲜品和干制品的品质。黄花菜的采收期,前后可持续 30 天左右,每天的采收时间与黄花菜品种相关,同时也与栽培地域的气候条件密切相关。

生产上,黄花菜的采收标准是:黄花菜的花蕾发育饱满,含苞待放,花蕾中部呈现金黄色的色泽,而花蕾两端呈现绿色,花蕾顶端的紫色渐褪。采收黄花菜时,要小心轻摘,将茎梗和花蕾相连的地方断离,摘取的过程中,要避免带梗,也要注意保护小花和花茎。采收黄花菜时,通常可以从外到里,从上到下收获成熟的黄花菜。

二、黄花菜的食用

黄花菜味鲜质嫩,营养丰富,可以鲜食,也可以制成干制品。

新鲜采摘的黄花菜鲜食的时候要注意加工方法,应先去掉黄花菜的花芯,沸水焯后,再用凉水浸泡。黄花菜可以用于凉拌,也可以用于与蛋、肉等炒食。

三、黄花菜的加工

黄花菜的加工主要有加热蒸制、日光晒、人工干燥、盐渍等步骤。

1. 加热蒸制

(1) 黄花菜分级　黄花菜的加工,首先要将新鲜采收的黄花菜进行挑选,去掉杂物,保证黄花菜的干净;然后,再对黄花菜进行分级,即将已经开放的黄花菜花蕾和过小的黄花菜花蕾分开。

(2) 黄花菜的加热蒸制　将分级的黄花菜花蕾分别放入蒸笼,分散均匀,保持一定的蓬松,通常黄花菜加热蒸制过程中每平方米蒸筛均匀平摊黄花菜鲜蕾 10 千克左右。

将蒸制黄花菜的蒸筛加盖密闭,然后加热蒸制。生产上,黄花菜的加热蒸制通常以花蕾的色泽由鲜黄绿色变为黄色即可。加热蒸制过的黄花菜花蕾呈绵软状,花蕾体积较鲜样减少约一半。最后将加热蒸制过的黄花菜花蕾从蒸锅中取出,自然散热。

2. 日光晒

加热蒸制过的黄花菜花蕾需要通过日光晒的方式进行干燥,并且要待其充分散热后再进行日光暴晒。黄花菜花蕾日光晒时,要注意翻动的时间和间隔,傍晚的时候要收回屋内。黄花菜日光晒过程中,当黄花菜花蕾表皮呈现白色时即可,这时的黄花菜花蕾手握成团,松手自然散开。黄花菜花蕾的日光晒时间,通常在天气良好时需要 2~3 天。

3. 人工干燥

黄花菜加工过程中,如果遇到连续的阴雨天,也可以采用烘房人工干制。黄花菜人工干燥时,要注意将黄花菜花蕾均匀分散在烘盘上,保持一定的蓬松。通常,黄花菜人工干燥过程中每平方米烘盘均匀平摊黄花菜花蕾 5 千克左右。

黄花菜人工干燥过程中,将烘房温度先升到 85 ℃ 左右,将黄花菜推入进行干燥,干燥时间持续 12 小时。然后将温度降低到 50 ℃左右,烘干即可。黄花菜花蕾在人工干燥过程中,务必注意通风并降低烘房的湿度,人工干燥过程中,还需要对黄花菜花蕾倒盘。

4. 盐渍

盐渍也是黄花菜加工的一种方法。在连续阴雨天,无法完成黄花菜花蕾的日光晒,又没有人工干燥的条件时,可以采用盐渍的方法对黄花菜花蕾进行加工。黄花菜的盐渍方法为将蒸制过的黄花菜花蕾散热后,盐渍处理。具体生产时,将黄花菜花蕾放入盐渍缸,一层黄花菜花蕾一层盐。盐渍的黄花菜花蕾可以保存较长时间。

四、黄花菜的贮藏

生产上,黄花菜的干制品很容易吸湿,甚至发生霉变,从而影响黄花菜干制品的品质,因此黄花菜加工的干制品包装后要放置于干燥阴凉处保存。

第十八章

山 葵

《第一节 山葵的概述》

山葵[*Eutrema wasabi*（Siebold）Maxim.]，为十字花科（Brassicaceae）山嵛菜属（*Eutrema*）多年生宿根性草本植物。山葵不仅是一种重要的香辛料植物，而且是一种独具特色的蔬菜作物，其全株不同的部位均有独特的风味。山葵在我国，又被称为山嵛菜、雪花菜、冬苋菜、蕲菜、黄葵、终葵、蜀葵、锦葵、菟葵等。山葵在日本叫 wasabi，是日本料理中一种重要的香辛料植物，使用山葵加工成的细泥状山葵酱独具风味。

一、山葵的形态特征

山葵的叶片通常呈心形和圆形，叶片的顶端略微呈尖状突出。山葵的幼嫩叶片边缘为锯齿状，成年叶片边缘的锯齿状没有幼叶明显。山葵的叶柄长度较长，通常能够达到50厘米，叶柄的颜色也较为丰富，不同的品种呈现不同的颜色，主要有绿色、淡绿色、紫色、淡紫色。

山葵的根和茎通常位于地面以下，呈肥大圆柱等形状，直径为 1.5～3.0 厘米，长度为 8～20 厘米。不同山葵品种的根和茎的表皮呈现不同颜色，绿色为多，淡绿色和墨绿色也多见。

山葵的花与萝卜的花较为相似，花瓣为 4 瓣，总状花序。山葵的种子与萝卜的种子较为相似，山葵种子外面有种荚，一般每个种荚中有 4～6 粒种子。山葵种子较小，长度通常只有 1～2 毫米，种子的颜色以褐色居多，也有深褐色和绿色。

二、山葵的生境及分布

山葵主要分布于中国、日本等地。山葵喜冷凉潮湿环境，在我国大部分具冷凉潮湿气候的地区中均有分布。

山葵的生长发育对环境条件要求较高,尤其是温度,其生长发育温度范围为 8～22 ℃,最适生长发育温度在 12～15 ℃ 之间。生产上,环境温度大于 23 ℃ 和低于 −3 ℃ 时,不易进行山葵的生产。

山葵的生产栽培主要源于日本,我国于 20 世纪 90 年代初从日本引进,即开始了山葵的高产栽培。目前,经过多年的人工驯化和培育,已经有 100 多个生产山葵品种,我国生产上主要种植的山葵品种是'真妻''台农''岛根三号'等。

三、山葵的营养成分

山葵含有丰富的营养成分,具有很高的营养价值。新鲜山葵含有多种营养成分,研究证实,每 100 克山葵鲜样中含有 50 毫克蛋白质、4 毫克脂肪、14 毫克纤维素,以及多种维生素。新鲜的山葵也含有丰富的矿物质,主要有铁、硫、钾、镁、钙、锰、铜、锌等。

加工制成的山葵酱呈绿色,具有独特的风味,含有硒等稀有矿物质元素和异硫氰酸酯等对人体有益的成分,是一种具有特色的食品。

四、山葵的药用价值

山葵也具有很高的药用价值,主要有抗癌、预防血栓、抗菌杀虫、抗氧化、增进食欲等作用。

山葵中含有的丰富异硫氰酸酯等物质能够促进致癌物质解毒和排泄,减少致癌物质对人体的伤害,从而降低人类癌症发生的概率。山葵的汁液具有良好的杀菌功效,能够杀灭伤寒、肺炎、白喉、结核、霍乱等多种疾病的致病菌。另外,山葵含有的芥子油还能够杀灭多种寄生虫,具有良好的杀虫作用。山葵在心血管疾病的预防和缓解方面也有良好的效果,山葵中含有的特殊成分能够抑制血液的凝固,保持血液的清洁,对动脉硬化起到预防的作用。

小贴士

山葵不仅能够缓解腰酸背痛、身心压力,而且能够抑制黑色素的形成,对皮肤也有较好的美白效果。

第二节　山葵的人工栽培技术

山葵适宜种植于湿润、阴凉的环境条件,其高产栽培的田间管理技术主要有繁殖技术、生产田块的整理、肥水管理、适时除草、光照管理等。

一、山葵的繁殖方法

山葵生产上,主要利用分蘖芽、根、种子进行繁殖。近年来,随着生物技术的发展,组织培养的繁殖方法在山葵生产中也得到了一定的应用。

1. 分蘖芽的繁殖

山葵的分蘖芽繁殖是将山葵根茎的分蘖芽分离下来用作山葵繁殖的分蘖苗,用于山葵的生产栽培。山葵的分蘖芽繁殖方法是目前山葵生产上使用最广泛的繁殖方法。山葵生产上,使用分蘖芽繁殖获得山葵植株,由于分蘖芽易传带病菌,容易造成山葵病害的发生。

2. 根苗的繁殖

山葵收获的时候,可以切取粗壮的山葵根须,然后将山葵根须浅埋于土中,注意需选取阴凉的条件。经过 4～6 个月,山葵根须上即可发生小苗,可用于山葵的生产。生产上,采用根苗方法繁殖山葵植株,需要注意选用健康、无病、较为粗壮的山葵根须。

3. 实生苗的繁殖

山葵的实生苗繁殖方法就是利用山葵的种子进行播种,获得山葵幼苗用于山葵的生产。要使山葵种子萌发,需要对山葵种子进行低温处理、打破休眠等步骤,较为烦琐,有较高的技术难度。另外,由于山葵的种子小、结实率低、采集难度大等特点,生产上难以获得大量的山葵幼苗,因此,山葵生产上实生苗的繁殖方法使用不多。

4. 组培苗的繁殖

随着现代生物技术的发展,植物的组织培养和快繁技术应用越来越广泛。目前,使用组培苗的方法繁殖山葵幼苗成本较高,也需要较高的技术体系。组培繁殖山葵生产用苗繁殖速度快,可以短期内获得大量的无病健康种苗,在山葵高产栽培中具有很强的优势,是山葵高产栽培的一个发展方向。

二、山葵的栽培

1. 整地

山葵生产用地应选用富含有机质的砾质壤土或砾质沙壤土,同时生产田块的排水与保水均较好。山葵生产田块整地时,要将土壤翻耕,翻耕深度达 30 厘米以上,在偏酸性的土壤中,可以施加一定的白云石粉,适当提高土壤 pH 值,有利于山葵植株的生长,提高山葵根茎的产量和品质。

2. 田间管理

（1）水分管理

① 灌溉：山葵是一种喜阴凉潮湿的植物，要求生产田块的土壤保持一定的水分，呈湿润状态。山葵的生产田块，不能缺水，同时也不能有积水。在山葵的生长周期里，需要对山葵进行灌溉，保持山葵生长适宜的水分。生产上，可以修建灌溉池、过水沟等，在干旱季节和需水季节对山葵进行灌溉。

② 防涝：山葵生产过程中，也要加强防涝，如果山葵生产田块出现淹水，会导致山葵根茎的腐烂，并会引发多种病害的发生。

（2）肥料管理 山葵高产栽培各个阶段都要加强肥料管理。首先，种植山葵时，应施足底肥。底肥应使用有机肥，可施用农家肥或鸡粪等。其次，山葵生长过程中，要适时追肥。可以在春、秋两季对山葵进行追肥，追肥可以使用复合肥料。山葵高产栽培中，肥料施加要注意使用量，不能过多，否则会导致山葵的品质下降。同时要注意施加一定数量的磷钾肥，促进山葵根茎的生长发育，提高山葵的产量和品质。

（3）光照管理 山葵是喜阴凉植物，其生长过程中，要加强光照管理。设施栽培条件下，可以根据自然光照条件和山葵各生长发育阶段需求进行光照的调整。如果是自然生长田块，在夏季光照强烈时，可以进行简单地遮阴。

（4）草害防治 山葵高产栽培中，幼苗期，杂草与山葵苗争肥争光，严重的还会导致山葵苗死亡，从而对山葵的产量和品质带来较大的影响。为了避免使用化学除草剂，山葵可以采用人工除草。山葵生长过程中，需要除草 2～3 次，随着山葵的进一步生长发育，杂草的生长会受到抑制。

三、山葵的病虫害防治

山葵生产过程中，易发生多种病虫害，高产栽培中要加强病虫害的防治，其中对山葵危害最为严重的是黑心病。山葵的黑心病也叫黑斑病、黑腐病等，大田发病率高，损失严重。山葵的黑心病是影响山葵高产栽培的重要因素之一。

山葵高产栽培中，防治黑心病可以从以下几个方面综合防治：

1. 生产田块的选择

选择水源充足、透气良好，肥沃的沙质壤土田块。

2. 生产品种的选择

在山葵黑心病高发地区，要选择抗病性强的抗病品种。

3. 采用无病的壮苗

山葵生产上，使用无病的壮苗进行高产栽培能够显著降低山葵黑心病的发病率。

4. 加强农事操作管理

山葵生产上,要加强肥水管理。生产中,要注意平衡施肥,小苗少施,大苗多施。加强灌溉和排水,使山葵生长田块不能过旱,也不能过涝。同时要注意保持山葵生产田块的整洁,及时除草。

5. 合理轮作

栽培上的连作通常会导致病害的发生,因此在山葵的高产栽培中,可以采用合理轮作的方式减轻病害的发生。山葵的轮作,可以与豆科、禾本科等作物进行。

6. 综合防治

山葵植株上伤口的产生是黑心病发病的重要原因之一,因此山葵生产中,要加强害虫的防治,以减轻害虫对山葵植株的伤害,避免产生伤口。山葵生长发育中,小菜蛾、菜青虫、跳甲、蛞蝓等是主要的害虫。

生产上,可以使用甲基托布津对山葵黑心病进行预防,发病期,可以使用扑海因进行防治。甲基托布津使用70%可湿性粉剂 500 倍液喷雾,扑海因采用50%悬浮剂 1 000～1 500 倍液喷雾。

第三节　山葵的采收、食用与加工

一、山葵的采收

山葵植株的多个部位均可以食用,是一种具有特色的野生蔬菜。山葵的花、叶片、叶柄、块茎可以根据市场需求和采收部位的特点分别采收。

1. 采收花薹

每年春季,山葵开花前,采摘山葵的花薹,可以作为鲜食蔬菜。

2. 采收叶

每年春、秋季,可以采收山葵的叶,作为鲜食蔬菜。采收山葵叶的时候,通常要注意山葵叶的叶柄长度不要太长,且注意采收无病虫害的叶。

3. 采收块茎

山葵按照块茎大小进行分级采收,经适当清洗和修削,根据分级装箱。山葵新鲜块茎采收要选取表皮完整、没有病虫斑的块茎。

二、山葵的食用与加工

速冻可以很好地保持山葵的风味,是山葵保鲜的有效加工方法之一。速冻能够使山葵产品的中心温度快速降低到－18 ℃,由于温度快速下降,山葵产品内部的细胞壁损害很小,能够尽可能地保持山葵鲜样的风味。

山葵的速冻加工首先需要将采收的山葵按照不同的品级整理归类,然后进行分切、清洗等预处理。预处理后的山葵经过速冻加工后,要在－20 ℃冷藏库中贮藏,运输也要用冷链运输。

第十九章

魔　芋

⟪第一节　魔芋的概述⟫

魔芋(*Amorphophallus rivieri* Durieu),为天南星科(Araceae)魔芋属(*Amorphophallus*)多年生草本植物,是一种具有特色的野生蔬菜资源。魔芋的别称很多,如雷公枪、蒟蒻、蒟蒻芋等。我国食用魔芋的历史很长,在《本草图经》和《开宝本草》中有关于鬼芋和蒻头的记载,我国古代也称魔芋为"去肠砂"。日本人喜欢食用魔芋,称之为蒟蒻。魔芋是一种碱性食物,食用魔芋可以中和食品中的酸性,达到酸碱平衡的效果。另外,魔芋可作为减肥食物,已越来越受到消费者欢迎。

一直以来,魔芋都是一种自生自灭的野生蔬菜。近年来,随着市场的产业化开发,魔芋逐渐成为一种世界范围的功能食品,是一种有良好市场前景的野生蔬菜,在我国和日本,以及欧洲和美洲等地的多个国家均有栽培。

一、魔芋的形态特征

魔芋的扁球形地下块茎体积较大,通常直径能够达到 7.5～25.0 厘米。魔芋植株株高 40～70 厘米,叶具有小叶,小叶再分叉,圆柱形叶柄粗壮。魔芋的花期为 4—6 月,其肉穗花序通常呈淡黄色,着生于穗轴,绿色或暗紫色苞片外包,下部为雌花序,上部为雄花序,魔芋的花有非常臭的气味。魔芋的果期为 8—9 月,其球形或扁球形的浆果成熟时呈黄绿色。

魔芋生长发育过程中,通常生长两年或两年以上的植株才会开花。魔芋生长过程中,有"花、果、叶不见面"的说法。魔芋生长发育过程中,养分只能维持生殖生长或营养生长,两者不能同时进行,也就是魔芋开花的过程中,叶不会生长。

二、魔芋的生境及分布

魔芋在世界范围内分布较广，其中主要分布在中国、日本、东南亚（缅甸、越南、印度尼西亚）和非洲等国家和地区。我国的魔芋主要分布在四川、贵州、云南、陕西和湖北等省，其中又以四川盆地四周山区种质资源最丰富。

魔芋是一种较为典型的高山野生蔬菜作物之一，通常适合生长在海拔 250～2 500 米的山区。一般雨量丰富、湿度较大，日照相对较少的地区，是魔芋适宜生长的地区。

目前，四川东部的大巴山区、四川西南部的金沙江河谷地带、四川的宜宾地区、湖北的长阳地区和陕西的榆林地区，是我国著名的魔芋产地，上述地区每年都生产大量的魔芋鲜品和深加工产品，销往世界各地。

三、魔芋的营养成分

魔芋具有丰富的营养成分，含有大量淀粉（含量达 35％）、蛋白质（含量达 3％）。魔芋含有丰富的矿物质元素，主要有钾、磷、硒等，也含有多种维生素。另外，魔芋含有魔芋多糖，即葡萄甘露聚糖。魔芋多糖是一种低脂肪、低热量、高纤维的多糖，白魔芋、花魔芋等品种含有魔芋多糖比例大于 50％。

四、魔芋的药用价值

魔芋含有多种药用成分，是一种有较高药用价值的野生蔬菜资源。研究发现，魔芋具有活血、化瘀、消肿、解毒、化痰、通便的功效。食用魔芋对于预防和缓解高血压、高血脂、高血糖引起的不适有一定的效果，还可以缓解机体损伤、瘀肿、咽喉和牙龈肿痛，便秘等。

葡萄甘露聚糖具有超强的黏韧度，含有很低的热量，食用魔芋能够消除人体的饥饿感，又不会导致摄入热量过多，因此魔芋在控制体重等方面具有较好的效果。

第二节　魔芋的人工栽培技术

魔芋的高产栽培对生长条件要求较高，通常需要充足的阳光、丰沛的雨水，同时气温也不能过高或过低。另外，魔芋的生长对栽培土壤也有较高的要求。"喜温怕高温，喜湿怕水渍，喜风怕强风"说明了魔芋的生长对环境要求的特点。魔芋属于半阴性植物，对光照也有一定的要求，适宜的光照是魔芋高产栽培的条件之一，直射的强光烈日对魔芋的生长不利。

一、魔芋的繁殖

魔芋可以采取种子繁殖和利用地下茎繁殖,魔芋高产栽培生产上主要利用地下茎进行繁殖。随着新技术的快速发展,组织培养等繁殖方式也逐渐得到一定的应用。

1. 种子繁殖

生长过程中,通常 8—9 月魔芋果实成熟后,收获魔芋的种子。魔芋种子经过 250 天左右休眠期后于第二年的 4 月下旬至 5 月上旬播种育苗。魔芋的育苗床株行距通常要达到 15 厘米×35 厘米,深 5 厘米,播种后要做好魔芋苗期管理工作。魔芋种子经过萌发、生长,当年能够形成 50~60 克的种茎,第二年根据生产栽培计划,定植大田用于魔芋生产。

2. 地下种茎繁殖

魔芋地下种茎繁殖可以利用魔芋不同部位、不同大小的地下种茎进行,生产上需根据魔芋种植方式和生产计划合理选择。主要有整芋繁殖、分芽切块繁殖、隐芽块繁殖、根状茎繁殖和主芽块繁殖等。

(1) 整芋繁殖 魔芋整芋繁殖首先要选取整芋。在实际生产栽培中,经常以 50~200 克小魔芋作为种芋进行繁殖。选用小魔芋不仅可以满足实际生产用,一定程度上也可以降低种芋使用量,种植出的魔芋产品大小相差不大,品质较高。生产上,如果使用较大的种芋进行繁殖,若生产管理不善,生产田块土壤条件控制不严,生产出来的魔芋产品,容易大小不一,形态不整齐,从而会一定程度上降低魔芋产品的品质。

(2) 分芽切块繁殖 魔芋的分芽切块繁殖通常可以分别将 700 克、1 000 克和 1 200 克左右的魔芋球茎分切为 2、3 和 4 株用于繁殖。分芽切块可以根据球茎重量,从主芽中心一刀一分为二分为 2 株;将魔芋球茎从主芽均匀切成 3 块;以主芽为中心对切两刀分为 4 株。分芽切块后,可以在其刀口面涂上草木灰,经过催芽后用于魔芋繁殖。

(3) 隐芽块繁殖 魔芋也可以从球茎上半部将带有隐芽的芽块切取下来作为繁殖材料进行繁殖。同样也要在切面涂抹草木灰,芽眼向上种植于田块。

(4) 根状茎繁殖 魔芋根状茎繁殖就是利用魔芋在生长过程中,其球茎上部发育出的数条根状茎进行魔芋繁殖。魔芋这些用于繁殖的根状茎尖端要有芽眼,用手掰下后可作为魔芋繁殖材料。

(5) 主芽块繁殖 魔芋生产过程中,也可以采用主芽块繁殖。该方法可以在商品魔芋加工过程中,沿魔芋主芽周围左右向斜下半圆形转切,将 350 克左右的主芽块切取下来用于繁殖。魔芋主芽块繁殖能够充分利用现有魔芋材料进行繁殖。

3. 组织培养快速繁殖

现代生物技术的发展,使得魔芋的繁殖方式有了进一步的增加,其中组织培养快速繁殖是一种较为有效的成熟的方法。魔芋组织培养时,可以选用幼嫩芽鞘或叶柄作为魔芋组织培养的外植体。通常将上述材料分割为 0.5 厘米×0.2 厘米的小块,采用适当的方式消毒后,接种于魔芋组织培养适宜的培养基上,在合适的温度和光照下诱导产生愈伤组织。接着,将魔芋愈伤组织转移到合适的分化培养基上,诱导其分化出芽。然后,将魔芋单芽转入适宜的生根培养基上,进行生根培养,直至形成魔芋小植株。洗去培养基中高 4～5 厘米、已经生根的魔芋小苗基部培养基,移栽到小钵,基质可以为蛭石和珍珠岩(二者比例为 1：1),经过室内和室外炼苗后,定植大田用于魔芋的生产。

二、魔芋的栽培

1. 魔芋品种的选择

据不完全统计,目前全球有 130 多种魔芋,其中我国发现各类魔芋近 30 种。魔芋根据形态不同可以分为毛魔芋、短柄魔芋、普通魔芋等类型。其中毛魔芋、白毛魔芋属毛魔芋类;大魔芋属于短柄魔芋类;普通魔芋类主要有白魔芋、东川魔芋和花魔芋等。在我国,花魔芋和白魔芋被用于生产栽培,其中花魔芋栽培更广,白魔芋在我国南方地区也有较多的种植。魔芋根据用途,主要可分为食用、药用、食药兼用等几类。魔芋生产栽培上,可以根据魔芋的生长特性和食用特点综合选择魔芋种类和品种。

2. 栽培方式

生产上,根据不同的栽培习惯和田块特点,可以采用垄作、堆栽、沟植、穴植等方式进行魔芋的生产栽培。

(1) 垄作栽培　魔芋生产田块较平坦、地下水位较高时,可以采用垄作栽培。魔芋垄作栽培按垄距 50 厘米开种植沟,通常沟深 5 厘米左右。垄作栽培既有利于魔芋生长过程中排水,又有利于魔芋球茎的生长发育和膨大。

(2) 堆栽栽培　魔芋生产田块土壤较黏重时,为了减轻土壤板结对魔芋球茎生长发育的影响,可以采取堆栽栽培,堆栽栽培能够明显地促进黏重田块魔芋产量和品质。魔芋的堆栽栽培通常可以按 40 厘米×50 厘米株行距,将魔芋种芋主芽向上,摆放在地面,接着在种芋上面垄土作堆,堆高 15～20 厘米。垄土可以结合施肥进行。

(3) 沟植栽培　魔芋的沟植栽培主要适用于较平坦且含水量较高的沙地等,通常按 50 厘米的行距开 20 厘米左右的沟,按 40 厘米的株距将魔芋主芽向上放置,覆土至地平面。

(4) 穴植栽培　魔芋生产中,穴植栽培方式可以用于坡地等地块种植魔芋。魔芋穴植栽培时按 40 厘米×40 厘米的株行距挖穴,通常为直径 20 厘米的圆坑,深度为 25 厘米即可,将魔芋主芽向上栽种于种植穴的中部,上面覆土。

小贴士

魔芋种植还可以与多种作物进行间套作,也可以与种植较为稀疏的果树林、经济林、用材林、环保林等进行立体栽培。

3. 整地做畦

选用土质疏松、肥沃,土层深厚,不积水的中性偏酸的壤土和沙壤土田块种植,有利于魔芋的高产和稳产。魔芋生产上,根据种芋的大小和生产栽培管理措施来确定种植密度,通常株行距以 30 厘米×40 厘米为宜。

魔芋生产也可以采用林下种植等方式进行。生产上,魔芋可以与刺槐林、漆林、杜仲林等阔叶林地套种。

4. 适时播种

魔芋的播种期一般在 4 月初至 5 月下旬,即"清明至立夏"之间,不同地域和海拔地区,略有差异。

5. 田间管理

(1) 施肥管理 魔芋高产栽培过程中,魔芋种植土壤的酸碱度对魔芋生长发育有较大的影响,pH 值 6.5～7.0 的土壤对大多数魔芋较为适合,偏中性和微碱性的土壤也可以种植魔芋。过酸或过碱的土壤通常不宜用来种植魔芋。魔芋生产过程中,施肥要考虑对土壤酸碱度的影响。

合理施肥是魔芋生产中重要的栽培措施之一。魔芋的生长发育过程中,对氮∶磷∶钾需求比例通常为 6∶1∶8,对钾肥需求最多,对磷肥需求最少。魔芋在不同生长阶段对不同肥料的需求量也有较大的差异。通常,魔芋生长前期,由于植株较小,生长量较小,需肥量相对较小,随着魔芋的进一步生长发育,魔芋植株的需肥量逐渐增加,当魔芋块茎膨大,需肥量达到高峰期。施肥过程中,为了避免肥料对魔芋块茎的生长发育造成影响或肥料中的病菌等对魔芋块茎的伤害,要注意肥料和魔芋块茎之间应保持较大的距离,而且有机肥务必完全腐熟。

(2) 水分管理 魔芋高产栽培中,适时、适量的灌溉是保证魔芋高产稳产的重要措施。魔芋栽种后由于魔芋种茎较易霉烂,通常 10～14 天不需要灌溉。随后,魔芋幼苗出土,新的球茎生长,此时应及时根据土壤墒情进行适量灌溉。通常在每年的 8—9 月,魔芋的球茎进入快速生长阶段,此时需要结合天气情况多次灌溉。魔芋灌溉可以结合施肥、松土、除草等同时进行。

(3) 杂草管理

① **主要危害**:魔芋生长田块的杂草会对魔芋造成危害,尤其是苗期,会与魔芋幼苗争

光、争肥,还会导致魔芋的病虫害发生加重。

② **防治措施**:魔芋高产栽培中,田间杂草的防治主要有以下措施:魔芋出苗前 2~3 周,可以结合田间松土进行人工除草。

三、魔芋栽培的病虫草害防治

1. **虫害**

(1) 主要危害 魔芋高产栽培中主要的害虫有芋豆天蛾、甘薯天蛾和双线天蛾等。这些害虫的危害主要是幼虫在每年的 6—9 月咬食魔芋幼嫩的叶片。

(2) 防治措施 魔芋生长过程中的虫害防治可以采取以下几种措施:冬季对魔芋生产田块进行深翻,杀灭越冬的蛹,以降低来年的虫口密度;幼虫期人工扑杀,可以一定程度降低危害;虫口密度大的时候,也可以采用阿维菌素、菊酯类药剂等喷雾防治。

2. **病害**

(1) 主要危害 魔芋生长过程中,软腐病、白绢病是主要病害,对魔芋的生产往往造成较大的危害。魔芋感病后,其植株外观通常会表现出以下症状:植株软腐,甚至倒伏;植株中流出褐黄色脓状物,通常有臭味;植株叶片呈现开水烫伤状;魔芋的地下块茎也会出现不同程度的腐烂。

(2) 防治措施 魔芋高产栽培过程中,对病害主要采取"预防为主、综合防治"的方针。在魔芋生产田块中发现病株,要及时清除,同时结合施用石灰、草木灰等预防传染,严重时可以使用化学药剂防治。

魔芋生产田块病害发生较重时,可以使用农用链霉素、噻菌铜、角霜灵、甲基托布津等对细菌性病害、真菌性病害兼治的农药。魔芋病害的化学防治要严格按药品使用说明进行。此外,在魔芋的生产田块实行轮作倒茬能够有效地减少病害的发生。生产上,魔芋可以与小麦、水稻、大豆、玉米等大田作物倒茬。

第三节　魔芋的采收、食用与加工

我国拥有丰富的魔芋资源,而魔芋是一种营养丰富的植物,目前魔芋已经由一种自生自灭的野生蔬菜,发展成为遍布地区较广泛、有一定栽培面积的蔬菜作物,魔芋的深加工产品也逐渐发展到上百种,对促进农民增收起着重要的作用。

一、魔芋的采收

生产上,当魔芋的植株叶部出现枯萎、植株出现倒伏的时候就可以采收。也有栽培种植实践表明,在魔芋植株出现倒伏后的一段时间,魔芋的球茎还能够进一步膨大。在有条件的地区,在合理安排好茬口的前提下,可以适当推迟魔芋的采收时间。魔芋收获时间的推迟,要注意防止冻害的发生。我国地域辽阔,不同地区的魔芋收获时期差异较大,魔芋的收获也与天气变化密切相关。

生产上,魔芋的收获要先将魔芋植株的茎叶割除,割除茎叶的时候要防止损伤到魔芋的球茎,可以适当保留较高的茬。魔芋采收时,球块茎按照魔芋茬单个刨出,注意轻拿轻放,避免其受到损伤。

二、魔芋的贮藏

魔芋采收后,要注意贮藏的方式和方法,通常可以采用室内架藏、室内沙藏等方法来贮藏魔芋。

1. 室内架藏

以室内架藏的方式贮藏魔芋,主要是将采收的魔芋清理干净,盛装于筐中,然后放置于室内架上。通常有条件的贮藏地区,可以将室内温度控制在较低的范围(5～10 ℃),同时在贮藏过程中,还需要经常通风。

2. 室内沙藏

以室内沙藏的方式贮藏魔芋是将清理干净的魔芋放置于洁净的沙中,通常可以一层沙一层魔芋摆放,最后在表面上覆一层厚约 20 厘米的沙。为了进一步提高沙层的透气性,可以每隔 100 厘米插一根通气筒。以室内沙藏的方式贮藏魔芋要求贮藏的房间保持干燥、通风,同时室内的温度控制在较低的范围(5～10 ℃)。

三、魔芋的食用与加工

魔芋及其加工产品味道鲜美,还具有特殊的风味,口感宜人。魔芋的地下块茎可以食用,通常将魔芋的地下块茎加工成魔芋粉,还可以制成魔芋挂面、魔芋面包、魔芋豆腐等多种食品。魔芋具有良好的保健功效,能够减肥健身,被誉为"魔力食品""神奇食品""健康食品"。近年来,魔芋及其加工产品风靡全球。

小贴士

魔芋植株具有一定的毒性,食用魔芋需要注意:① 食用前需要经过较长时间的加热,例如蒸煮 3 小时;② 消化系统有疾病或消化不良的人群,食用魔芋的量不宜过多;③ 患有伤寒、感冒或有皮肤病的人群食用魔芋及其加工产品的量也不宜多。

第二十章

莼　菜

《 第一节　莼菜的概述 》

　　莼菜（*Brasenia schreberi* J. F. Gmel.），为睡莲科（Nymphaeaceae）莼菜属（*Brasenia*）多年生宿根水生草本植物。莼菜主要以嫩梢及初生卷叶作蔬菜食用，被誉为"江南三大名菜"之一。莼菜别名很多，又称为湖菜、马蹄草、露葵、水葵、锦带、屏风等。莼菜的地下茎富含淀粉，嫩茎及幼叶外附透明胶质，口感滑而不腻，清香可口，甘甜鲜美，别具风味，自古以来便是蔬菜中的珍品。另外，莼菜可药用，具有减肥消肿、壮肾益智、清热利尿、解毒、防癌的功效，是一种药食同源的野生药用蔬菜。种植莼菜具有良好的经济效益。

一、莼菜的形态特征

　　莼菜是一种多年生宿根中型水生浮叶草本植物，莼菜的地下茎匍匐于水底淤泥中，蔓生于水中。莼菜的匍匐茎呈白色，其地上茎细长，分枝多，且随着水位的上升能够不断伸长，可以达到1米甚至更长。

　　莼菜的地上茎基部簇生细如发丝的须根，通常呈黑色。莼菜地上茎上部节间长8～13厘米，茎粗0.20～0.35厘米。莼菜的地上茎上部节间每节着生一椭圆形光滑叶片，叶互生，叶为全缘叶，叶色为绿色，叶片背面呈浅红色或紫红色。莼菜的叶柄长25～40厘米，粗约0.12厘米。莼菜的花梗长10～16厘米，自叶腋抽生，顶生一小花。莼菜的花为两性花，萼片、花瓣各3枚。

二、莼菜的生境及分布

　　莼菜主要生长于池塘、湖泊和沼泽地区。

　　莼菜的分布较为广泛，世界各大洲均有分布，主要分布于我国，东南亚、印度等地区也有一定分布，另外，大洋洲、非洲、美洲也有少量分布。莼菜在我国主要分布在江苏、浙江、江西、湖南、四川、云南等省,其中江苏太湖地区的莼菜较为有名,是"太湖八仙"之一。杭州西湖、雷波马湖、湖北利川、重庆石柱等地区生产的莼菜品质也较好,是当地著名的野生蔬菜。

三、莼菜的营养成分

莼菜是一种营养极为丰富的绿色蔬菜,具有很高的营养价值。新鲜的莼菜中含有丰富的蛋白质、氨基酸、总糖、锌、铁,还富含植物中少见的维生素 B_{12}。莼菜富含锌,被誉为"植物锌王"。

四、莼菜的药用价值

莼菜有很高的药用价值,具有清热、利水、消肿、解毒的功效,目前已被广泛应用于医药和保健食品领域。莼菜中锌含量丰富,可用于改善小儿多动症。莼菜含有一种特殊的酸性杂多糖,能够增强机体的免疫功能,具有清热解毒作用,还能抑制细菌的生长和预防疾病的发生。莼菜可以全草入药,对改善高血压、泻痢、胃痛、呕吐、反胃、痈疽疔肿、热疖等病症具有良好的功效,也可以用于缓解热痢、黄疸、痈肿、疔疮等。

第二节　莼菜的人工栽培技术

微酸性土壤较为适宜莼菜的生长,其生产田块的 pH 值以 $5.5 \sim 6.6$ 为宜。莼菜生产田块要求富含有机质,通常淤泥厚度要达到 $20 \sim 30$ 厘米。莼菜生产田块对水质要求也很高,死水、污水易滋生藻类,加重莼菜的病害发生,导致莼菜产量下降,品质降低,因此莼菜生产田块要以活水和无污染的水为宜。莼菜是一种喜光植物,光照充足有利于其生长发育,因此莼菜通常不宜与莲藕、芦苇等水生植物混栽。

一、莼菜的繁殖

莼菜繁殖有无性繁殖和有性繁殖两种方法,莼菜栽培生产中一般采用无性繁殖的方式进行,又称为茎株繁殖。

二、莼菜的栽培

1. 品种的选择

莼菜高产栽培生产中,需根据种植区域选用合适的品种。目前,莼菜品种主要有红色和绿色两种,二者的主要区别在于植株的颜色不同。红色的莼菜品种较绿色莼菜品种栽培面积更大。其中,红色莼菜品种主要有西湖红叶(一种杭州地区的特色莼菜,品质好,产量高,具有叶正面深绿色,叶背面紫红色,叶片较小,生长势强等特点)和川红叶(一种湖北利川地区的莼菜品种,具有叶正面深绿色,叶背面鲜红色等特点,品质优良)。绿色莼菜品种主要是太湖绿叶,主要在江苏太湖地区种植,具有叶正面绿色,叶背面边缘紫红色,中央渐变成绿色,卷叶绿色的特点,品质优良,产量高。

2. 生产田块准备

莼菜高产栽培生产中,要对生产田块进行整理,通常需要耕深(深度达 30 厘米),耕耙 2～3 次,平整田块。莼菜栽植前,还需要施足基肥,耕翻入土后放浅水耖平,同时需要除去田间杂草,以及食草鱼类。

3. 种苗的栽植

(1) 栽植时期 莼菜生产上,种苗可以于春季和秋季进行栽植,通常以春季栽植较好,长江中下游地区 3 月 20 日至 4 月 20 日是栽植莼菜的最佳时期。

(2) 栽植方法 莼菜种株要选取无病虫害的健壮莼菜匍匐茎,剪成长度为 15～20 厘米的小茎段,通常茎段含有饱满芽的 2～4 个节位。莼菜的种株要做到挖取后及时栽种。莼菜种苗栽种可以按照一定的密度进行,栽种时将莼菜种茎段斜插或平栽入土中。莼菜栽植田块初期保持 10～20 厘米的浅水层。

4. 田间管理

(1) 水分管理 夏季莼菜进入旺盛生长阶段时,进一步将水位加深近 100 厘米。进入秋季,莼菜生产田块的水位要逐渐降到 40 厘米左右,冬季莼菜休眠期,生产田块应将水位保持在 30 厘米左右。

(2) 肥水管理 莼菜的施肥分冬肥、春肥和追肥。冬肥在莼菜叶片枯萎和水中杂草死后,以施用菜籽饼最好,每亩施用腐熟菜籽饼 150～200 千克。追肥宜选择阴天、雨前或傍晚进行,以防止茎叶黏肥,日晒后损伤茎叶。

(3) 杂草管理 莼菜生产中杂草的防治通常在栽植后 15 天进行人工除草,然后每月 1 次,直到莼菜长满水面为止。水面的水绵可进行人工捞除,当危害较重时,也可用硫酸铜 300 克,加水 12.5 千克配成波尔多液进行喷雾防治。

5. 提纯复壮

莼菜种植通常栽植 1 次可连续收获多年,然而莼菜生产 3～4 年后,田间莼菜植株拥挤,地下茎错综盘结,导致莼菜生长势衰弱,产量和质量都呈现一定程度的下降。莼菜生产上,可以隔行拔除一部分植株,也可以全部拔除,以重新栽种健壮无病害的莼菜种茎。

三、莼菜的病虫害防治

1. 主要病害

莼菜生产中常见的病害主要有叶腐病和腐败病(枯萎病)。

(1) 莼菜叶腐病

① **主要症状**：莼菜叶腐病主要表现为叶缘出现水渍斑纹，然后逐渐向中央扩展，导致全叶腐烂，严重时会造成全株死亡。

② **防治方法**：莼菜叶腐病发生的原因主要是水质不洁净。因此莼菜生产中要保持水质洁净、流动，及时清除水绵。

(2) 莼菜腐败病

① **主要症状**：莼菜腐败病主要表现为病株叶片边缘先出现青枯斑块，随后四周连片并向内扩展，最后使整叶变褐焦枯。

② **防治方法**：莼菜腐败病发生时可以采用 25％多菌灵 500 倍液或 1∶1∶（200～250)波尔多液喷雾 1 次，安全间隔期 7 天。

2. 主要虫害

莼菜生产中常见的虫害主要有莼菜卷叶螟、椎实螺和扁螺、水稻食根金花虫、菱叶甲等，给莼菜的生产造成较大的危害。

(1) 莼菜卷叶螟

① **虫害表现**：莼菜卷叶螟的幼虫呈黄色，成虫和幼虫长 1.5 厘米左右。幼虫咬食莼菜叶片，导致莼菜小叶背向内，吐丝做成绿色蚌壳状的扁形虫苞，虫苞两头开口，幼虫居中。幼虫阶段头胸伸出苞端或爬出虫苞，啃食叶肉，食后仍隐居其中。莼菜卷叶螟大的虫苞长有 2 厘米，宽 1.5 厘米左右，虫苞能浮于水面，幼虫可转叶危害。莼菜卷叶螟老熟幼虫带着虫苞在叶片上结茧化蛹，羽化成灰色蛾子。

② **防治方法**：莼菜卷叶螟发生时，可使用 Bt 可湿性粉剂或阿维菌素乳油进行防治。在使用农药过程中注意有些药物可能对与莼菜共生的鱼有影响，如菊酯类药物。

(2) 椎实螺和扁螺

① **主要危害**：莼菜生产中的椎实螺和扁螺危害主要发生在 5—6 月，该时期水温逐渐上升，达到 15 ℃以上。椎实螺和扁螺通过啃食莼菜叶片和嫩梢，造成其缺刻和穿孔，危害严重时可将莼菜植株叶片吃光，给莼菜生产造成较大的损失。

② **防治方法**：莼菜生产中的椎实螺和扁螺主要采用人工捕杀的方法，在每次采摘莼菜时进行，也可以采用撒施茶籽饼 5～10 千克/亩进行防治。

(3) 水稻食根金花虫

① **主要危害**：莼菜生产中的水稻食根金花虫危害主要表现为幼虫潜入水中，咬食莼菜植株根茎。幼虫成熟后不钻出水面，仍在地下茎上化蛹，而水稻食根金花虫成虫以莼菜叶片为食。

② **防治方法**：莼菜生产中的水稻食根金花虫危害可以使用 90％晶体敌百虫 1 千克/亩，先用 4 千克热水化开，加 45 千克干燥黄泥拌匀，撒入水中。

(4) 菱叶甲

① **主要危害**：莼菜生产中的菱叶甲又叫褐色菱角金花虫，其成虫体长 0.4～0.5 厘米，外被鞘壳。菱叶甲通常在茭白、芦苇等杂草残茬或土缝中越冬，第二年 4—5 月飞到莼菜叶上啃食、产卵，幼虫也食害莼菜叶片，给莼菜生产造成一定的危害。

② **防治方法**：莼菜生产中的菱叶甲防治可以在冬前铲除莼菜生产塘和田块周边的杂草，降低越冬菱叶甲成虫基数。莼菜生长过程中，菱叶甲发生初期，可以采用 25％杀虫双 500 倍液进行防治。

第三节　莼菜的采收、食用与加工

莼菜食用部分主要是浸没在水中尚未展开的新鲜嫩叶，具有鲜嫩滑腻的特点。莼菜鲜叶通常用来调羹作汤，清香浓郁。莼菜叶的背面会分泌一种类似琼脂的黏液，未露出水面的莼菜嫩叶黏液更多。莼菜富含丰富的营养成分，有蛋白质、脂肪、多缩戊糖、没食子酸等。莼菜还是一种药食同源的佳蔬，可以生食也可入菜，还可做成具有保健功能的精美菜肴，如西湖莼菜汤、莼菜鲈鱼羹等。莼菜的食用部位除嫩叶外，植株的茎、叶、根都可以作为蔬菜食用。

一、莼菜的采收

莼菜生产过程中可连年采收，采收时间通常为 4—10 月，每隔 5～10 天采摘 1 次。莼菜植株叶片基本上盖满水面，莼菜植株卷叶基本长足却未完全展开，新梢粗壮，胶质黏厚，即可开始采收。莼菜采收需工较多，每人每天可采 15～25 千克。莼菜定植当年每亩可采收莼菜鲜叶 200～500 千克，第二到第三年采收 400～500 千克，定植 4～5 年后莼菜植株长势拥挤，需重新栽植。

二、莼菜的保鲜、加工技术

1. 莼菜的鲜食

莼菜作为鲜菜食用时宜用清水浸泡贮藏保鲜，时间不宜超过 24 小时。莼菜用于原料加工时，一般于采集当天处理完毕。

2. 莼菜的速冻加工

莼菜采收后，可以采用速冻技术进行加工，提高附加值。采摘好的莼菜进行杀菌后沥干水分，在适宜真空条件下，将包装好的莼菜封口，防止胶质溢出。使用速冻机将莼菜置于－40～－36 ℃温度下进行速冻，使其中心温度迅速降至－18 ℃以下。将莼菜产品进行装箱,并在－18 ℃低温库中贮藏和冷链运输。速冻加工的莼菜产品,贮藏期达 12 个月时,其胶质厚度和颜色与新鲜原料相比基本无变化。

3. 莼菜的冻干加工

莼菜采收后,可以采用冻干技术进行加工。将采摘好的莼菜进行杀菌沥干水分,在适宜真空条件下,将包装好的莼菜封口。使用速冻机将莼菜置于－40～－36 ℃温度下进行速冻,使其中心温度迅速降至－18 ℃以下。然后将速冻好的莼菜在冻干机上进行冻干,使其水分含量低于 5%(质量百分比)。最后将莼菜产品进行装箱,在 0～5 ℃低温库中贮藏。

小贴士

冻干后的莼菜表面有明显可见的胶质多糖,颜色变为黄绿色;复水后胶质多糖部分溶解于水中,颜色仍为黄绿色,但优于市售莼菜产品的颜色。

4. 莼菜的罐藏保鲜

莼菜采收后,也可以采用罐藏技术进行保鲜,加工保鲜方法常采用罐藏保鲜。

第二十一章

紫　苏

《第一节　紫苏的概述》

紫苏[*Perilla frutescens*（L.）Britt.]，为唇形科（Labiatae）紫苏属（*Perilla*）一年生草本植物。紫苏在我国有着悠久的栽培种植历史，据史料记载，紫苏古名荏，2 000多年前我国就开始种植。紫苏又称为白苏、红苏、赤苏、黑苏、白紫苏、青苏、野苏、香苏、苏麻等，可药用和食用，是一种药食同源的野生蔬菜。紫苏适应性强，种植范围广，具有良好的经济效益。另外，紫苏植株的根系发达，水土保持能力强，种植紫苏也具有很好的生态效益和社会效益。

一、紫苏的形态特征

紫苏植株较为高大，野生状态的植株高度为50～90厘米，而栽培条件下的植株株高能够达到1.5米。紫苏根系为须根系，植株茎秆为四棱，苗期茎秆为草质，随着紫苏植株的生长发育，茎秆的木质化程度逐渐增强。紫苏植株茎秆易发侧枝，直立性较强。

紫苏的叶为对生单叶，叶片呈椭圆形、宽卵形等形态，叶缘浅裂，边缘有锯齿，叶片两面被柔毛，有较长的叶柄。紫苏叶较大，长7～13厘米，宽4.5～10.0厘米，生长期内，紫苏植株可采收11～14对叶片。

紫苏的花序长1.5～15.0厘米，密被长柔毛，偏向一侧顶生或腋生总状花序。紫苏的花期通常为6—7月，果期通常为7—9月。紫苏的种子为不正球型，种皮为灰色至褐色。紫苏的种子有明显的生理休眠期，休眠期通常达120天。

二、紫苏的生境及分布

紫苏原产于我国，目前，在我国的江西、湖南等地区分布和种植较为广泛，在东南亚、中国台湾、日本、朝鲜半岛、印度、尼泊尔等国家和地区也有种植，北美洲亦有一定的分布和种植。

紫苏植株的适应性很强,对种植环境要求不高,沙质壤土、壤土、黏壤土,房前屋后、沟边、地边,肥沃的土壤均可栽培种植,果树幼林下也能间套种。

三、紫苏的营养成分

紫苏含有丰富的营养成分,具有很高的营养价值。紫苏叶片中的氨基酸和粗蛋白含量丰富,且含有 8 种人体必需氨基酸,其中粗蛋白含量近 30%。紫苏叶片是一种优良的野生蔬菜,具有高纤维、低糖、高矿物质元素等优点。研究证明,紫苏叶片中的胡萝卜素、SOD 含量也较高。紫苏种子的出油率高达 45%,是一种高品质的植物油。

四、紫苏的药用价值

紫苏也具有很高的药用价值,目前已广泛应用于医药和保健食品等领域。紫苏具有缓解胃肠道疾病(胃炎、过敏性结肠炎)、呼吸道疾病(变应性咽喉炎,鼻炎,食蟹、虾、蛤所致的呼吸道过敏症)、免疫相关性皮肤炎、口腔和结肠溃疡、呕吐等。紫苏(梗、叶、籽)在我国是一味常用的中药,广泛用于降气消痰、平喘、润肠等方面,能促进消化液分泌,增强胃肠蠕动,用于缓解消化不良。

紫苏还具有较好的抑菌效果,能较为有效地抑制葡萄球菌、大肠杆菌、痢疾杆菌。紫苏油还可以降低血脂,减少心脑血管疾病的发生。

《第二节　紫苏的人工栽培技术》

温暖湿润是紫苏生长发育较适宜的环境,我国南北地区均可栽培。生产中,紫苏也具有较好的耐受高温、低温的特点,同时紫苏对较高的湿度也有一定的适应性。生产上,紫苏对土壤适应性较广,但以疏松、肥沃、排水好的土壤为佳。紫苏高产栽培的田间管理技术主要有品种选择、种子处理、生产田块的整理、肥水管理、病虫害防治等。紫苏是典型的短日照植株,播种期应该根据不同地区、不同采收目的因地制宜确定。

一、紫苏的栽培

1. 品种的选择

紫苏高产栽培生产中,应根据栽培目的和种植区域选用合适的品种。依据采收和利用的部位不同,紫苏可分为芽紫苏、穗紫苏、叶紫苏等。例如,日本的食叶紫苏和国内的大叶紫苏可以作为鲜叶用紫苏的良种,红紫叶紫苏可以作为色素提取用的良种,含油量高的紫苏品种则是提炼紫苏油的良种。

2. 播种与苗期管理

紫苏主要采用种子进行繁殖。紫苏的栽培生产上,种子繁殖有直播和育苗移栽两种方式。

(1) 种子处理 紫苏种子具有休眠特性,自然状态下采收后的紫苏种子需要经过4~5个月的休眠期才能具有较好的发芽力。生产上,可以使用赤霉素溶液处理刚采收的紫苏种子,提高紫苏种子的发芽率。

(2) 直播 紫苏的直播生产方式具有省工以及紫苏生长快、采收早、产量高等优点,但是生产上需种量较大。紫苏的直播播种通常在春季完成。由于我国地域辽阔,南北纬度相差大,直播播种的时间也有较大差异。我国南方地区3月份播种,北方地区4月中下旬播种,山东等地区4月上中旬播种。

紫苏直播时,先整畦,再按行距60厘米进行开沟,沟深2~3厘米即可,将紫苏种子均匀撒播于种植沟内,覆薄土;也可以按照行距45厘米、株距25~30厘米进行穴播。紫苏播种后,要即刻浇水,并保持土壤湿润,以利于出苗。

(3) 育苗移栽 育苗移栽广泛地应用于紫苏高产栽培中。紫苏的育苗床要施足农家肥,也可以加入适量的过磷酸钙或者草木灰,苗床要选择光照充足、排水通畅的田块。生产上,4月上旬可以播种,播种前苗床要先浇透水,播种后覆浅土,同时保持育苗床湿润。通常,紫苏苗在播种后1周即可出苗,在苗床生长过程中,要注意浇水。苗龄45天左右,紫苏苗高度达到10~15厘米,即可进行移栽。紫苏的移栽应避开晴天的中午,通常选择阴雨天或晴天的午后进行移栽,栽植前1天,应将紫苏种植田块浇透水。紫苏的移栽通常每亩为1.0万~1.2万株,株行距为20厘米×30厘米,栽后及时浇水。

3. 田间管理

(1) 松土间苗 紫苏高产栽培中,生长前期,由于植株相对矮小,易发生草害。在紫苏植株封垄前,要进行田间除草。紫苏高产栽培生产田块,从定植至封垄期间,应该定期松土除草2次。

紫苏的直播田块还应该进行间苗。紫苏生产上,当条播田块紫苏植株高15厘米左右时,按30厘米间距进行定苗。间苗产生的多余紫苏苗可以用于移栽。

(2) 肥水管理 紫苏播种或移栽后,要及时进行灌溉。遇到雨季,雨水较多,也要注意排水。紫苏生产田块如果积水过多,会造成植株的根部腐烂和叶片脱落。

紫苏高产栽培过程中还应该加强施肥管理。紫苏生产中,施肥以氮肥为主,通常在紫苏植株封垄前进行集中施肥。在紫苏的直播田块和苗圃中,紫苏幼苗苗高30厘米左右时,可以追肥1次。紫苏植株的叶片生长较快,施肥时,应注意避免触碰紫苏植株的叶片。紫苏的施肥可以和培土、灌溉结合起来进行。

(3) 打杈 打杈和摘叶是紫苏生产中重要的农事操作之一。生产上,紫苏定植20天左右,这时紫苏植株已经有五茎节,为了促进植株的健壮生长,需将紫苏植株茎部第四茎节以下的叶片和枝杈全部去除。

4. 栽培措施

(1) 芽紫苏　将紫苏的种子播种于苗床,当紫苏植株长至 4 片真叶时,即可收获芽紫苏。芽紫苏栽培中,为了提高紫苏种子的发芽率和整齐率,可以用赤霉素溶液处理紫苏种子后再播种。

(2) 穗紫苏　紫苏生长过程中,光照时间短能够促进紫苏植株的花芽分化,当紫苏幼苗长至 6～7 片真叶时即可抽穗,当紫苏穗长达到 6～8 厘米时,即可采收穗紫苏。穗紫苏的生产,主要通过大棚来进行。

二、紫苏的病虫害防治

紫苏人工栽培过程中,易发生多种病虫害,紫苏生产上要加强病虫害的防治,其中对紫苏危害较为严重的病害有白粉病、斑枯病、根腐病等,较为严重的虫害有根结线虫、斜纹夜蛾、短额负蝗、野蛞蝓、红蜘蛛、银纹夜蛾等。

1. 紫苏的主要病害及其防治措施

(1) 紫苏白粉病　紫苏的白粉病是一种真菌性病害。紫苏高产栽培过程中,田间湿度过大、温度适宜(16～24 ℃)、紫苏植株生长势较弱时,易发生白粉病。

紫苏的白粉病防治措施主要有农事操作防治和药物防治。紫苏生产上,选用地势较高、排水通畅的田块可以一定程度上降低紫苏白粉病的发生。紫苏生产过程中,加强田间通风、透光,合理施肥,促进紫苏的健康生长,以及实行轮作倒茬也有较好的防治紫苏白粉病发生的效果。当紫苏白粉病发生较为严重时,可以采用化学药物进行防治,25％粉锈宁 2 000 倍液、40％多菌灵硫黄胶悬剂 500 倍液、50％甲基托布津胶悬剂 500 倍液等都是防治紫苏白粉病较为有效的化学药物。使用化学药物防治紫苏白粉病,要注意化学药物种类的选择和用量,防止药害的发生和农药残留。

(2) 紫苏斑枯病　紫苏斑枯病主要危害紫苏的叶片,发病大多集中在每年的 6 月份之后。斑枯病发病初期会在紫苏植株叶面出现褐色或黑褐色小斑点,随着病害加重,逐渐形成大的病斑。紫苏栽培过程中,高温、高湿、光照弱的栽培条件易导致斑枯病的发生。

紫苏高产栽培过程中,要加强肥水管理,清理沟道,防止水涝的发生;降低紫苏的种植密度,加强通风,降低田间湿度等可以有效减轻紫苏斑枯病的发生。生产上,紫苏斑枯病发生较为严重时,也可以采用化学药物进行防治。80％可湿性代森锌 800 倍液、1∶1∶200 波尔多液都是防治紫苏斑枯病较为有效的化学药物。使用化学药物防治紫苏斑枯病,要注意化学药物种类的选择和用量,防止药害的发生和农药残留。

(3) 紫苏根腐病　紫苏根腐病主要危害紫苏的根茎,是一种真菌性病害。紫苏生产过程中,根腐病发病严重时,紫苏植株的主根腐烂,侧根稀少,植株瘦弱,甚至整个紫苏植株会枯萎死亡,对紫苏产量和品质造成严重的影响。高温、多湿的气候环境,低洼、积水、土质黏重的生产田块都是紫苏根腐病发病的外界条件。多年重茬的田块,根腐病发生尤为严重。

紫苏根腐病的防治措施主要有加强农事操作管理和药物防治。实行轮作倒茬是防治紫苏根腐病发生的有效措施之一。加强肥水管理,培育紫苏壮苗、壮株也可以有效降低紫苏根腐病的发生率。生产上,紫苏根腐病发生较为严重时,也可以采用化学药物进行防治。50％甲基托布津可湿性粉剂 500 倍液、75％百菌清 600 倍液、75％敌克松 1 000 倍液等都是防治紫苏根腐病较为有效的化学药物。使用化学药物防治紫苏根腐病,要注意化学药物种类的选择和用量,防止药害的发生和农药残留。

2. 紫苏的主要虫害及其防治措施

(1) 根结线虫 紫苏根结线虫为土传性虫害,虫害发生时,紫苏植株的须根出现瘤状物,叶片呈现均匀变黄的症状。

紫苏高产栽培中,换地种植、轮作倒茬可以有效地防止紫苏根结线虫的发生和危害。

(2) 斜纹夜蛾 斜纹夜蛾属于鳞翅目夜蛾科,对紫苏的危害主要表现为斜纹夜蛾幼虫啃食紫苏植株的叶、花蕾、花及果实等,造成紫苏的产量和品质下降。夏季易发生斜纹夜蛾幼虫危害。

通过清理紫苏生产田块及周边的杂草,破坏斜纹夜蛾的产卵场所,减少虫源,可以降低斜纹夜蛾的发生率。紫苏高产栽培中,斜纹夜蛾发生严重时,可以使用威克达 1 500 倍液进行化学防治。使用化学药物防治紫苏斜纹夜蛾,要注意化学药物种类的选择和用量,防止药害的发生和农药残留。

(3) 红蜘蛛 红蜘蛛主要危害紫苏幼嫩的叶片,夏季气温较高,天气干旱时,较易发生,会对紫苏的生产造成较大的危害。紫苏植株爆发红蜘蛛危害时,红蜘蛛聚集在紫苏叶背面刺吸汁液,导致叶片出现黄白色小斑,严重时叶面发生大的黄褐色焦斑,导致紫苏植株叶片脱落。

小贴士

　　紫苏高产栽培中,清洁生产田块周边的环境,清除田块周边杂草,降低虫源,可以较好地防止红蜘蛛的发生。红蜘蛛发生严重时,可以使用 40％乐果乳剂 2 000 倍液进行化学防治。使用化学药物防治紫苏红蜘蛛,要注意化学药物种类的选择和用量,防止药害的发生和农药残留。

第三节　紫苏的采收、食用与加工

紫苏的生长时间较短,通常在定植后 70 天即可收获。生产上,根据紫苏收获产品的用途不同,紫苏生长期从几天到几月不等。作为蔬菜食用,主要采收紫苏的叶片,紫苏的生长周期只需几天到几周;如果收获紫苏籽为产品,紫苏的生长期则要长得多。

叶用紫苏在紫苏植株第五茎节的叶片横径宽大于 10 厘米时,即可开始采收紫苏叶片。紫苏叶片采收时,通常每次采摘 2 对叶片,同时将紫苏植株上部茎节上发生的腋芽抹去。紫苏高产栽培上,5 月下旬至 8 月上旬是叶片采收的高峰期。全年每株紫苏可采摘 36~44 片叶片,每亩可产紫苏鲜叶 1 700~2 000 千克。紫苏植株的幼苗和嫩茎叶也可以作为蔬菜食用,可凉拌、做汤、炒食,根据市场行情,可以在不同的季节采收紫苏的幼苗、嫩茎叶和嫩芽。不同用途采收的紫苏产品应注意贮藏条件的选择,减少贮藏过程中紫苏产品品质的下降。

第二十二章

刺儿菜

《第一节　刺儿菜的概述》

　　刺儿菜［*Cirsium setosum*（Willd.）MB.］，为菊科（Asteraceae）蓟属（*Cirsium*）多年生草本植物。刺儿菜分布广泛，在世界各地均有分布，其幼苗和成株的嫩茎叶可供食用。刺儿菜别名较多，不同的地区有不同的称呼，如刺蓟菜、小蓟、猫蓟、青刺蓟、千针草、青青菜、姜姜菜、木刺艾、刺刺芽、刺杆菜、刺角菜、野红花、枪刀菜等。

　　刺儿菜营养价值高，具有特殊的风味，是一种优良的野生蔬菜，在我国具有悠久的食用历史。另外，刺儿菜也是一种优良的药食同源植物，具有良好的抗氧化和抗衰老的功效，可显著提高机体免疫力，具有广阔的开发利用前景。

一、刺儿菜的形态特征

　　刺儿菜为多年生草本植物，株高25～50厘米，茎直立，有纵槽，其幼茎被白色蛛丝状毛。刺儿菜的叶互生，叶两面均被蛛丝状绵毛，长7～10厘米，宽1.5～2.5厘米，多呈椭圆形或长椭圆状披针形，有不等长的针刺，边缘具齿裂毛。刺儿菜雌雄异株，顶生头状花序，雄花花冠长1.7～2.0厘米，雌花花冠长约2.6厘米。瘦果长卵形或椭圆形。刺儿菜花期5—6月，果期5—7月。

二、刺儿菜的生境及分布

　　中国大部分地区均有刺儿菜分布，而世界范围内主要分布于东欧、中欧、俄罗斯、朝鲜、日本等国家和地区。刺儿菜主要生长于海拔140～2 650米的地区，草地、山坡、路旁、灌木丛、林缘及溪边均能够良好生长。

三、刺儿菜的营养成分

刺儿菜是一种营养丰富的绿色野生蔬菜,含有丰富的蛋白质、粗纤维、胡萝卜素、维生素 B、烟酸、维生素 C 以及钙、磷、铁、钾、钠、镁等矿物质元素。新鲜的刺儿菜还含有胆碱、皂苷、儿茶酚胺类、生物碱等活性物质。

四、刺儿菜的药用价值

刺儿菜具有很高的药用价值,有凉血、祛瘀、止血的功效。刺儿菜性味甘凉,可用于缓解吐血、尿血、血淋、便血、急性传染性肝炎、疔疮、痈毒等,对肺炎双球菌、溶血性链球菌、痢疾杆菌、金黄色葡萄球菌等具有良好的抑制作用。刺儿菜还具有清热除烦、行气祛瘀、消肿散结、通利胃肠的功效,可用于缓解肺热咳嗽、身热、口渴、胸闷、心烦、食少、便秘、腹胀等。刺儿菜还能收缩血管、缩短血液凝固时间,具有利胆、降低血液中胆固醇的作用。

《第二节 刺儿菜的人工栽培技术》

刺儿菜人工栽培的田间管理技术主要有繁殖技术、生产田块的整理、肥水管理、适时除草等。

一、刺儿菜的繁殖

刺儿菜人工栽培过程中的繁殖方法主要有分根繁殖和种子繁殖两种。

1. 种子繁殖

刺儿菜的种子繁殖,可于春季野外挖取刺儿菜植株,定植于生产田块,夏末秋初采收成熟种子,用于播种生产。夏末秋初采收成熟的刺儿菜种子晒干,备用。刺儿菜播种分春播和秋播,其中春播通常在 3 月下旬至 4 月初进行,秋播通常在 7—9 月进行。

播种前,在生产田块施入腐熟的有机肥作基肥,将土壤耙匀整细,做成播种畦。刺儿菜的种子细小而轻,可用细沙拌匀后进行播种,播种可采用条播或撒播方式。播种后覆薄薄一层土,盖住种子并浇水,在刺儿菜出苗前需保持土壤湿润。

2. 分根繁殖

刺儿菜生产中采用的分根繁殖通常在春季进行。萌芽前,挖取刺儿菜植株的根茎,用锋利的刀片将根状茎分为多株,并保证每株带一段根,作为刺儿菜繁殖的种茎。在刺儿菜生产田块中进行定植,株行距约为 10 厘米×15 厘米,定植后加强水肥管理。

二、刺儿菜的栽培

刺儿菜人工栽培生产中,当幼苗植株高度达 6～10 厘米时,进行间苗和补苗,通常每穴刺儿菜 3～4 株,并适时进行中耕除草。刺儿菜长势较旺,生长能力强,自然条件生长过程中能与杂草竞争,草害并不严重。另外,刺儿菜病虫害危害也不严重。

为了获得高品质的刺儿菜商品,要进行合理的田间管理,加强水肥管理,提高刺儿菜的品质。刺儿菜生长过程中宜薄肥勤施,浇水见干见湿即可。

刺儿菜生产田块如果土质肥沃、基肥充足,生长过程中可以不追肥;生长田块如果贫瘠,则需进行适当的追肥,追肥以腐熟的人畜粪肥等有机肥为宜,减少无机化肥的施用。

第三节　刺儿菜的采收、食用与加工

一、刺儿菜的采收与食用

刺儿菜采收可在春、夏季进行,主要采收刺儿菜植株幼嫩的茎叶,一般可连续采收 3～4 年,鲜嫩的刺儿菜可用于炒食或做汤。另外,刺儿菜也可以在秋季采收根,除去植株茎叶,洗净鲜用或晒干切段。刺儿菜是一种药食同源的佳蔬,具有较好的保健功能。刺儿菜常规吃法主要有熬菜粥、蒸菜包、烙油饼、凉拌、炖土豆、刺儿菜蛋香饼、刺儿菜水饺等。

二、刺儿菜的加工

刺儿菜的加工主要以干制品加工为主。首先采收幼嫩的刺儿菜嫩茎叶,然后用清水洗净,沸水漂烫后取出摊晾。天气晴朗时可自然晾干,也可采用人工烘干的方法。充分干燥后,回软 1～2 天,保证植株的含水量均匀一致,质地略呈疲软,定量包装。

第二十三章

蘘 荷

《 第一节　蘘荷的概述 》

　　蘘荷[*Zingiber mioga*（Thunb.）Rosc.]，为姜科（Zingiberaceae）姜属（*Zingiber*）多年生草本植物，别名阳荷、阳藿、野姜、蘘草、茗荷等。蘘荷植株高大，株高可达 1.5 米。蘘荷原产于我国南部地区，具有悠久的栽培历史。

　　蘘荷原是生长在山间田野的野生蔬菜，其嫩芽、花轴和地下茎均可食用，通常以食用花轴为主，具有味芳香微甘的特点。蘘荷含有丰富的蛋白质、纤维、维生素、胡萝卜素等多种营养成分，其花和短缩茎可凉拌、炒食，也可酱藏、盐渍。随着现代医药、食品科技的迅速发展，蘘荷的食品保健功能不断地被人们发现。

一、蘘荷的形态特征

　　蘘荷植株通常高 0.5～1.0 米，叶片为披针状椭圆形或线状披针形，长 20～37 厘米，宽 3～6 厘米，叶面无毛，叶背无毛或被稀疏的长柔毛，叶柄无或长 0.5～1.7 厘米。根茎呈不规则长条形，并呈结节状弯曲，长 6.5～11.0 厘米，直径约 1 厘米，通常呈淡黄色或灰棕黄色。蘘荷的穗状花序呈椭圆形，长 5～7 厘米，被长圆形鳞片状鞘的总花梗可长达 17 厘米。椭圆形苞片覆瓦状排列，常呈红绿色，具紫色脉；花萼管状，长 2.5～3.0 厘米，一侧开裂，花冠管长 4～5 厘米，裂片披针形，长 2.7～3.0 厘米，宽约 7 毫米，淡黄色。果实为倒卵形蒴果，熟时裂成 3 瓣，果皮内侧呈鲜红色；蘘荷花期为 8—10 月，种子呈黑色。

二、蘘荷的生境及分布

　　蘘荷原产我国长江流域的安徽、江苏、浙江、湖南、江西，以及两广和云贵等地，自然分布的蘘荷通常多见于山谷、林荫以及河流两旁潮湿地。目前，江苏、贵州等地有人工栽培蘘荷，国外如日本亦有栽培。蘘荷多喜温暖、阴湿的环境和微酸性、肥沃的沙质壤土。蘘荷植株较耐寒,冬季能耐0℃低温,在华南及西南地区可自然越冬。

三、襄荷的营养成分

襄荷含有多种人体必需的维生素、氨基酸和矿物质,具有很高的营养价值。研究发现,每100克新鲜襄荷短缩根茎中,除含有α-蒎烯、β-蒎烯、β-水芹烯等特殊物质外,还含有蛋白质12.4克、粗蛋白1.58克、脂肪2.2克、粗纤维28.1克、总酸1.11克、总糖3.41克,维生素C、维生素A、维生素B共约104毫克,磷0.35克、钙0.18克、铁0.077克等。襄荷还含有丰富的膳食纤维,微甜带酸,是一种具有鲜明特点的优质蔬菜。

四、襄荷的药用价值

襄荷具有很高的药用价值,能够止痛、消肿、平喘、解毒。襄荷根茎性温,味辛,具有温中理气、祛风止痛、消肿、活血、散瘀的药效。襄荷还能改善腹痛气滞、痈疽肿毒、跌打损伤、颈淋巴结核、大叶性肺炎、指头炎、腰痛、荨麻疹等。另外,襄荷的花序对缓解咳嗽有帮助,配生香榧对小儿百日咳有良好的改善效果。襄荷含有丰富的膳食纤维,能有效减少胆结石形成、降低胆固醇、防止糖尿病等。襄荷嫩芽和块根中含有姜油酚和姜油酮,不仅能够解毒、消炎、镇痛,而且能促进消化,增强血液循环。经常食用襄荷,还能润泽皮肤,强身健体。

《第二节　襄荷的人工栽培技术》

一、襄荷的繁殖

襄荷通常采用分株繁殖,每个襄荷单株带2～3个完整芽苞,移栽可以在春季3—4月和秋季10—11月进行,南方地区气温较高,春季定植时间可适当提前。襄荷栽种每亩定植3 000株左右,株距30～35厘米,行距50～55厘米。定植前,襄荷根茎段可用50%多菌灵1 000倍液和75%农用链霉素1 000倍液的混合溶液浸泡5分钟,以杀死根茎表面的真菌、细菌等,预防襄荷根茎腐烂病的发生。

二、襄荷的栽培

1. 良种选择

襄荷良种宜选用健康的襄荷根状茎。襄荷地上部凋萎、早春嫩芽尚未萌动时,挖掘襄荷的地下部分,选取颜色均匀、节密不干缩、质地坚硬、未损伤的根状茎作为种植材料。

2. 环境选择

襄荷人工栽培宜选择土壤肥沃、疏松、湿润的田块。襄荷植株具有耐阴,但不耐高温与强光的特点,雨量充沛、夏季通风凉爽、土壤腐殖质含量较高的山林地区通常是人工栽培襄荷的不错选择。在低海拔地区进行襄荷人工种植常与果木或高秆作物套种。

3. 施足底肥

襄荷是多年生草本植物,具有一年种植、多年收获的特点,人工栽培时要获得优质高产,需要在生产田块施足底肥,施底肥时以农家肥为主,无机化肥为辅,或不施用。襄荷生产田块有机肥施用量为 4 000～5 000 千克/亩,辅以每亩氮磷钾复合肥 50 千克。底肥采用深施方式,也可均匀撒施后深翻。

4. 整地做畦

襄荷人工栽培的生产田块要深耕做畦,双行栽种,畦宽 1.5 米左右,种植穴宜大而深,穴底施入腐熟的有机肥及适量的过磷酸钙作为底肥,将土壤和肥料充分混匀后填入穴中,使肥土略高于畦面。将切下的襄荷根茎段平地放,保证每株芽点朝上,压实后浇透水,待水分渗入后再撒一层干土。

5. 田间管理

襄荷定植后的田间管理主要有中耕除草、水肥管理、温度和光照控制等方面。

(1) 中耕除草 襄荷人工栽培过程中,通常在春季 3 月份新发苗高度约 10 厘米时开展 1 次中耕除草,结合施肥进行。留作种苗或留桩栽培时,在秋季或早冬季 11—12 月,待襄荷植株地上部分枯萎后,结合施冬季基肥,进行 1 次中耕培土,以利襄荷地下部分安全越冬和来年培育壮芽。

(2) 水分管理 湿润的土壤是襄荷生长的适宜环境,干旱或涝害都会影响襄荷植株的正常生长,从而影响襄荷的产量和品质。襄荷人工栽培过程中,需要做好抗旱和排涝,保持生产田块土壤湿润,以促进襄荷植株的健康生长,保证襄荷的高产优质。

(3) 适量施肥 加强肥水管理,是襄荷获得高产的重要保证。襄荷植株对氮、磷、钾肥的需求较大,根据襄荷植株生长对养分的需求规律,一年需要施肥 3～4 次。第一次待襄荷地下茎出土 10 厘米左右时,为保证促进地上茎叶快速生长所需的养分供应,每亩襄荷生产田块可以施腐熟的人畜粪肥 500 千克或尿素 5 千克;第二次当襄荷植株叶鞘完全展开,为保证襄荷植株叶片的营养生长,施 1 次氮肥,同时为防止植株徒长,氮肥施加量不宜过多;第三次在襄荷植株进入花轴生长期,为促使伸长的花轴变得柔软脆嫩,可以每亩施用复合肥 50 千克。

(4) 温度和光照控制 根据襄荷的生长特性,早春季节,通过地膜覆盖、搭建拱棚覆膜等栽培措施,促进襄荷植株的生长,以提早采收。夏季高温季节,尤其是低海拔地区,温度高、光照强,可以搭建荫棚,覆盖遮阳网进行遮阴,以尽可能创造适宜襄荷生长的环境。

第三节 襄荷的采收、食用与加工

一、襄荷的采收

春季天气转暖,襄荷从地下茎抽出嫩芽,长度达 13～16 厘米,叶鞘散开,即可采收。为了防止对花轴造成影响,嫩芽通常只采收 1～2 次。襄荷人工栽培生产中,不宜采收嫩芽,以增强茎叶的生长。夏秋季节,襄荷的花轴可以在花蕾出现前采收,以防止组织硬化,降低食用品质。

小贴士

人工栽培生产襄荷,通常第一年花轴少,第二年较多,第三、第四年达到盛产,第五年产量减少,需要更新种植。襄荷植株地下茎多在晚秋采收。长江中下游地区襄荷地下茎可自然越冬,待地上植株枯萎后要及时将枯萎植株剪去。

二、襄荷的食用

襄荷具有特殊的芳香,生产上襄荷植株病虫害较少,极少使用农药,是理想的绿色蔬菜,已被列为我国 50 种绿色蔬菜之一。襄荷的主要食用部分为其花轴和短缩茎,鲜食襄荷可以将其充分洗净后,用开水焯至半熟,或在火上烤至半熟,然后加盐和酱油凉拌食用,也可以加佐料炒食,具有独特的风味。

三、襄荷的加工

襄荷植株的花轴、嫩芽及地下茎也可以腌制后食用。襄荷腌制的主要步骤为采收新鲜襄荷、挑选及清洗、预腌、复腌、包装和销售。

通常在每年 8—9 月采收襄荷,为保证襄荷鲜样的新鲜,需在采收后几小时内及时处理。挑选无腐烂、无虫蛀的襄荷材料,流水冲洗,洗去泥沙、杂物及部分微生物。清洗完毕后沥干襄荷表面残留的水分,然后用盐进行预腌,用盐量为原料总重量的 9％,且撒盐要均匀。预腌时间为 48 小时,若襄荷较大,可以沿中线切开,切成两半或多半,保证预腌彻底。将预腌好的襄荷捞出,清洗腌制池,再一层襄荷一层盐进行腌制,用盐量为襄荷总重量的 16％左右,最后盖上木板压上重物。通常两周后可食用。

第二十四章

食用大黄

《第一节 食用大黄的概述》

大黄，为蓼科(Polygonaceae)大黄属(*Rheum*)多年生草本植物，别名川军、生军、黄良、掌叶大黄、壮大黄，全球分布广泛，主要分布于北半球的东欧和中亚。大黄广泛分布于我国各个地区，其中黄河上游地区主产的称北大黄，主要为掌叶大黄和唐古特大黄；长江上游地区主产的称南大黄，主要为药用大黄；还有部分称为土大黄和山大黄，在我国各地也有分布。

北大黄和南大黄为健胃缓泄的常用中药，大黄已成为改善便秘及作为保健食品的重要原料之一，在保健产品领域也有着宽广的前景。山大黄是食用大黄的一种，食用大黄原产于中国内蒙古，主产于中国。近年来，为满足国内外市场对大黄药材的需求，各地人工栽培大黄发展较快，并在栽培技术上取得了一些成果。

食用大黄(*Rheum rhaponticum* L.)主要以叶柄为食材，含有丰富的琥珀酸，味酸清口，味似山楂，颜色暗绿至鲜红。食用大黄叶柄煮熟滤渣后，加入糖制成酱、果冻，在欧美常用于制作糕点。软化栽培的食用大黄植株叶柄具有润肠通便的功能，且效果显著，是一种优良的药食同源植物，具有广阔的开发利用前景。

一、大黄的形态特征

大黄植株地下根茎肥厚粗大，表面呈深褐色，内部为黄色。大黄植株高65～130厘米，茎绿色，平滑无毛，直立粗壮，中空，有浅沟纹。大黄的基生叶具长柄，叶面积较大，呈宽心形或狭长椭圆形，5～7深裂掌状排列；茎生叶较小而互生。花序分枝紧密，小枝向上挺直，呈圆锥形，花小，数朵簇生，多为绿白色或浓紫色。大黄瘦果呈椭圆形，果翅广卵状。种子褐色，有光泽，千粒重约20克，成熟期为7—8月。

二、大黄的生境及分布

大黄喜低温和湿润的中性土壤环境,年平均气温约 10 ℃,生长最适温度为 15～22 ℃。大黄不耐高温,不耐涝,但耐干旱,耐阴,大黄的苗期不宜接触强光。大黄常生长于海拔 1 500 米以上的山区,尤其是土壤肥沃的山坡、林缘。

我国很多地区均有大黄野生分布和种植,其中掌叶大黄主产于青海、西藏、甘肃、四川等地,多为人工栽培,是大黄中的主要人工栽培种类。唐古特大黄主产于青海、西藏、甘肃等地,野生或人工栽培均有;药用大黄主要分布于云南、贵州、四川、湖北等地,人工栽培或野生,相对而言种植和野生数量均较小。

三、食用大黄的营养成分

大黄是一种营养极为丰富的野生或栽培植物,具有很高的营养价值,食用大黄叶柄部分所含的各种营养成分与大多数水果蔬菜类似。我国民间有采集野生大黄的嫩苗、嫩叶食用的习惯,是一种特色鲜明的野生蔬菜。研究发现,食用大黄叶柄中含有较丰富的胡萝卜素、维生素、膳食纤维、糖分、蛋白质、单宁以及人体所必需的氨基酸等。食用大黄含有的有机酸主要为苹果酸,根中草酸含量比叶片中的低,有机酸含量与桃、李、葡萄相近。另外,食用大黄还含有一定量的钙、铁、钾等矿物质元素,富含花青素,是一种营养丰富的蔬菜。

四、食用大黄的药用价值

大黄也具有很高的药用价值,含有蒽类衍生物、芪类化合物、鞣质类、有机酸类、挥发油类等药效成分。中国具有悠久的大黄药用历史,大黄性味苦寒,常以根入药,对泻实热、破积滞、行瘀血、解毒等具有良好的功效。大黄可改善寒热便秘、谵语发狂、食积痞满、痢疾初期、里急后重、瘀停经闭、症瘕积聚、时行热疫、暴眼赤痛等。大黄还有良好的止血作用,孕妇及妇女经期、产期忌用,身体衰弱者慎用。

第二节　大黄的人工栽培技术

大黄喜冷凉气候,野生大黄主要分布于我国西北及西南高海拔地区,人工栽培也多在海拔 1 400 米以上的地区。大黄生长对土壤要求较高,土层深厚、富含腐殖质、排水良好的壤土或沙质壤土较为适宜。大黄忌连作,宜与豆科、禾本科作物轮作,或以党参、黄连为前茬。

一、大黄的繁殖

大黄的繁殖方式有种子繁殖、根茎繁殖,而大黄人工栽培生产上主要用种子繁殖。大黄种子易萌发,通常种子寿命1~2年,发芽率可达85%以上。

大黄块根繁殖通常在大黄收获时取母株上的子芽(约4厘米),于整好的生产畦面,按株行距60厘米×20厘米挖深穴,每穴1株,芽眼向上进行定植,埋实并浇水。大黄一般在栽培后2~3年的秋天开花结果,除留籽作种外,其他要及时将花薹抽掉,以便集中养分,提高产量。去除花薹宜在晴天进行,以防雨水导致烂根。

二、大黄的栽培

1. 选地、整地

大黄根系较深,主根深入土层可达30~45厘米,大黄人工栽培应选用土壤疏松、排水良好的沙壤性田块。结合深耕整地进行基肥施用,通常每亩施厩肥4 000~5 000千克,贫瘠的山坡等地可适当增加施肥量。

2. 播种移栽

(1) 种子直播 大黄播种应分地区分季节进行,北方春播常在3月下旬进行,南方秋播常在7月下旬进行。大黄种子播种前,需用温水浸种6~8小时,水温18~20℃,浸种后用湿布覆盖,每天用清水冲洗1~2次。大黄直播可以采用不同的方式,条播、撒播、穴播均可,将种子均匀播种于畦面,覆土3厘米左右,稍镇压后盖一层草。

(2) 育苗移栽 大黄人工栽培过程中,育苗移栽可以节约用种量和提高土地利用率,在部分较为干旱不宜直播栽培的地区,常采用育苗移栽的方法进行大黄生产。

首先进行整地,将大黄生产田块做成宽度1.2米、长度不等的高畦,开好排水沟,并横向在畦面开条播沟,行距12厘米、深5厘米。然后将大黄种子均匀撒入沟内,覆土2~3厘米,再覆一层草保持温度,生产期间加强水肥管理。种子发芽出土后揭去覆草,加强除草、光照管理,光照太强的情况下用遮阳网遮盖。

10月下旬,苗圃上进行培土,以3~5厘米厚为宜。第二年4月中旬(谷雨)或8月下旬(处暑)将苗移栽于生产田块,株行距各60厘米,挖穴15~30厘米深,每穴栽植1株。移栽时可采取"曲根定植",即定植时将种苗根尖端向上弯曲,可降低植株的抽薹率。

3. 田间管理

(1) 间苗定苗 直播田在苗高3~5厘米时,间去过密苗或弱苗、病苗,苗高10厘米左右定苗。

(2) 中耕除草 大黄植株第一年幼苗小,杂草易生,要勤除草,并结合松土。大黄人工栽培时,可以在行间种植大豆、玉米等其他作物,抑制杂草生长。第二至第三年,在5月上旬、7月中旬除草松土。

(3) 施肥　大黄植株对肥需求较大,人工栽培大黄首先要施足基肥,然后每年还需进行追肥2~3次。第一年6月每亩追饼肥150千克,过磷酸钙10~12千克。第二年追肥2次,分别于5—6月,在行间开沟,每亩可施入人畜粪肥或过磷酸钙20~30千克,氯化钾10~12千克,施后覆土、浇水。

(4) 打薹　栽后第二年5—6月,大黄植株开始抽薹开花,如非留种株,则应及时摘除花茎,减少养分消耗,增加产量。

三、大黄的病虫害防治

(1) 病害防治　生产上,大黄病害主要为根腐病,多在8—9月雨季发生,或在高温多湿时发生,常在大黄收获的当年或前一年发生。表现为根部顶端开始变黑腐烂,叶片同时变黄,以致枯死。

大黄根腐病的预防主要可以采取以下措施:避免雨天或有雾水时采收;分株繁殖时要从无病母株中选取幼苗;避免或不重茬;发病后及早拔除病株,秋季收集枯枝叶集中烧毁,减少病源。

(2) 虫害防治　生产上,大黄虫害主要为蚜虫和甘蓝夜蛾等。

蚜虫多发生于夏季干旱时,常成堆地集聚在茎叶上,吸食植株汁液,使植株干枯。蚜虫的主要防治措施有:清除田间杂草,断绝害虫繁殖的场所;使用蚜虱净针剂每亩4支兑水40千克,或苦参碱水剂1 000倍液叶面喷施;使用黄色粘虫板粘杀。

甘蓝夜蛾幼虫常咬食叶片,造成叶部缺刻或裂缝,影响植株正常生长。甘蓝夜蛾主要防治措施为:使用佳多频振式杀虫灯诱杀;发生期使用化学药剂防治,每亩用5毫升功夫乳油兑水40千克,或40%硫酸烟碱、2.5%鱼藤精、0.2%苦参碱水剂进行田间叶面喷施。

第三节　大黄的采收、食用与加工

一、大黄的采收

人工栽培的大黄,种子直播或无霜期短的地区,第三年可以采收叶柄;用分株繁殖方法种植,第二年可采收叶柄。大黄叶柄的采收第一次不宜过多,以免影响大黄植株健康生长。大黄叶柄采收可持续采收8~10周,每次均从下位叶往上采收。采收时用手摘下叶柄即可,不宜用刀割,以免铁器对采收产品造成影响。人工栽培的大黄可以收获4年,管理好的田块可以延长采收期,但采收时期的延长,会导致大黄植株生长拥挤,叶柄变小,地下部腐烂多,导致品质和产量下降。

二、大黄的食用

大黄植株基生叶叶柄,撕去表皮后可生食或炒食,甜酸可口,叶柄也可用来制作馅饼、果派、蜜饯、糕点等。大黄除鲜食外,也可以通过糖渍或盐渍贮藏备用,亦可焯水后冷冻贮藏。

三、大黄的加工

1. 酒大黄

将黄酒喷淋于大黄片、大黄块,拌匀(100∶10),稍闷润,待酒被吸尽后,置炒制容器内,用文火炒干,至色泽加深,取出晾凉,筛去碎屑即成。

2. 熟大黄

将大黄片、大黄块置于木甑、笼屉或蒸制容器内,隔水加热,蒸至大黄内外均呈黑色为度,取出,干燥。

3. 大黄炭

将大黄片、大黄块置于炒制容器内,用武火加热,炒至外表呈焦黑色时,取出晾凉。

4. 醋大黄

大黄片、大黄块加米醋拌匀(100∶15),稍闷润,待醋被吸尽后,置炒制容器内,用文火加热,炒干,取出,晾凉,筛去碎屑。

5. 腌大黄

除去大黄叶柄上的叶片,清洗干净,沥去表水,腌制。用大黄叶柄重25%的食盐把大黄腌在缸中,缸底先撒一层薄盐,再放一层大黄叶柄,下层盐少放一些,上层多放一些,上面用清洗干净的石块压实。腌制过程中第一天要倒缸1～2次,后勤倒缸至食盐全部溶化。

6. 大黄酱

采用软化栽培的大黄叶柄,除净叶片,清洗干净。将大黄叶柄放在双层锅或明火锅内,加入1∶1的水,煮沸10分钟至软烂,再用0.8毫米的网筛过滤,除去过粗的纤维。趁热加糖进行搅拌,后加热、装罐、杀菌、冷却、擦瓶、质监、装箱。

第二十五章

车前草

第一节　车前草的概述

车前草(*Plantago asiatica* L.),为车前科(Plantaginaceae)车前属(*Plantago*)一年或多年生草本植物。古代车前草常生长在行走车辆的道路两旁,称之为"车前"。车前草又称为车前子、轳辘草、车道草、田菠菜、牛舌草等。车前草的幼苗及嫩叶芽可以作为野生蔬菜食用,是一种较为珍稀的野生食材。车前草有良好的养生和保健价值。随着人们保健意识的增强,市场对车前草的需求越来越大。车前草的高产人工栽培,具有良好的经济和社会效益。

一、车前草的形态特征

车前草植株高度通常为10~30厘米。车前草的根以须根为主,其叶片长度为3~10厘米,形状呈椭圆形、卵状椭圆形等,叶缘呈一定的波状。车前草的穗状花序直立,长3~15厘米。车前草的种子通常为黑色,每穗种子7~15颗。

二、车前草的生境及分布

车前草耐寒、耐旱,多见于路旁、河边和山坡等处,对土壤环境的要求不高。车前草以向阳、湿润、排灌方便的疏松沙壤土生长为宜。车前草在我国分布很广泛,东北的黑龙江、吉林、辽宁,西北的青海、新疆,南方的云南,以及沿海的江苏、山东等地均有分布。俄罗斯的西伯利亚以及远东地区,朝鲜、蒙古等东北亚地区,以及巴基斯坦、哈萨克斯坦、阿富汗等西亚地区也有一定的分布。

三、车前草的营养成分

车前草含有丰富的蛋白质、碳水化合物、纤维素等营养成分。车前草营养成分测定结果显示,其嫩叶含有较高的钙、磷、铁等元素,也含有胡萝卜素和多种维生素,是一种营养价值很高的野生蔬菜。

四、车前草的药用价值

车前草自古就是一种很好的药食同源食材,是一种重要的药用野生蔬菜。车前草含有多种营养成分,同时也含有车前苷、β-谷甾醇、熊果酸、桃叶珊瑚苷等多种药理成分。

车前草清热、利水、通淋、明目,具有良好的清肺化痰之功效,还具有一定抗菌作用。车前子,即秋季采收的车前草种子,可以用来缓解多种疾病引起的不适。

第二节　车前草的人工栽培技术

生产上,车前草适应性较强,对低温和干旱的环境有较强的耐受性,对土壤要求也不高。温暖、潮湿的沙质土壤,车前草均能良好地生长。车前草在相对低温的环境下,即 5～28 ℃的温度下,茎叶能够健康地生长发育,而相对较高的温度,如气温超过 32 ℃,车前草的生长发育就会受阻,生长缓慢,严重的会导致植株枯萎和死亡。

一、车前草的繁殖

车前草的高产栽培一般利用种子进行繁殖。车前草的种子在 20～24 ℃温度条件下发芽较快,车前草的播种季节与当地气候密切相关。我国南方地区,春季气温回升较快,通常 3—4 月播种,北方地区由于气温回升较慢,通常 4 月上中旬播种为宜。

车前草种子可以用细沙和药剂拌种,每亩用种量 0.3～0.5 千克。生产上,可以采用车前草种子 50 克、细沙 2 千克和 25% 多菌灵 50 克进行混合拌种。播种时可以采用条播或穴播的方式。条播以 20～30 厘米为宜,沟深 1.0～1.5 厘米,将车前草种子均匀播种于条播沟,覆土后浇水。穴播时,播种穴间距通常约 25 厘米,每穴播种量 5～10 粒。生产上,车前草种子播种后 10～15 天即出芽。

二、车前草的栽培

1. 整地和播种准备

车前草的高产栽培要选用肥沃的沙质壤土作为生产田块。车前草播种前,要对生产田块进行整地和施底肥,底肥可以是腐熟的农家肥。播种前应对生产田块进行翻耕、耙细、整平、整畦,车前草高产栽培一般需要做畦,畦宽以 1.6～2.0 米为宜。

2. 田间管理

（1）间苗、定苗　车前草出苗后,苗高达到3～5厘米时,要进行间苗,条播按株距10～15厘米留苗即可。

（2）中耕、除草　车前草高产栽培生产中,前期由于幼苗生长较慢,易发生草害。车前草生产田块发生杂草时,应及时进行除草,可以结合中耕进行。中耕要注意结合幼苗长势进行,防止中耕对车前草幼苗根的损害。

（3）追肥　车前草高产栽培生产中,追肥也可以结合中耕、除草、灌溉进行。车前草的提苗肥可以每亩施用硝酸钙5千克或碳酸钙7.5千克。抽穗期前后,每亩施用磷酸二氢钾150克加硼砂100克、萘乙酸20克、叶面宝4支,兑水50千克叶面喷洒。

三、车前草的病虫害防治

车前草高产栽培过程中,易发生多种病虫害,要加强病虫害的防治,以保证车前草的高产和稳产。

1. 病害

生产上,对车前草危害较为严重的病害主要有褐斑病、白绢病、白粉病、霜霉病等。

（1）褐斑病　褐斑病主要危害车前草叶片和果穗。车前草褐斑病的主要症状表现为:在苗期,植株下部叶片出现病斑,呈圆形或椭圆形;在旺盛生长期,不仅植株的下部叶片出现圆形或椭圆形的褐色病斑,植株的上部嫩叶也会发生圆形或椭圆形急性病斑,还会出现发病中心团块;在车前草生长后期,病斑呈褐色,并形成大量孢子;车前草植株抽穗时,病菌会侵染幼穗,导致植株枯穗的发生。

车前草高产栽培中,连作、氮肥施用过量的田块往往高发褐斑病,同时,车前草生产田间,植株郁闭、湿度过高的田块,褐斑病发病通常严重。

（2）白绢病　白绢病主要危害车前草植株的基部,危害严重时,车前草植株基部叶柄和穗基部出现白绵状菌丝体,导致车前草植株叶柄和穗基部变黑,严重的导致叶片凋萎,穗空瘪或枯穗,甚至腐烂,给车前草生产造成很大的危害。白绢病危害通常发生在车前草生长旺盛期,一些排水不畅、湿度过高的生产田块,易发生白绢病危害。车前草植株密度过大,植株叶片郁闭,也会造成白绢病的发生。

（3）白粉病和霜霉病　车前草高产栽培中,白粉病发生时,车前草植株叶的表面或背面出现一层灰白色粉末,严重时,导致植株叶片枯死。

霜霉病发生时,车前草植株新生的叶片会呈现黄绿相间斑纹,严重时,会导致车前草植株叶片和穗畸形,直至死亡。

2. 虫害

车前草高产栽培过程中,蚜虫是主要的害虫之一,要加强蚜虫的防治,以保证车前草的高产和稳产。

蚜虫主要危害车前草植株的嫩叶和心叶,并危害抽穗期车前草植株的小穗。蚜虫还会造成车前草植株形成伤口,传播病菌,导致车前草各种病害的发生。

3. 主要病虫害的防治措施

车前草高产栽培过程中,病虫害防治的主要措施有:

一是通过轮作的方式减少病原;病虫害发生时,及时拔除病虫株并烧毁;对已拔除病穴土壤,用石灰进行消毒。

二是播种前,对车前草种子用50％的多菌灵500倍液浸种30分钟进行消毒处理,可以有效消灭和降低车前草种子上的病菌,降低车前草生产中病害的发生率。

三是对车前草实行垄栽的栽培方式,并通过对生产田块开沟促进排水,降低田间湿度,可以有效地降低车前草病虫害的发生率。

四是病虫害发生严重时,可以采用药物进行防治。药物防治时,要注意根据不同的病虫害,选择合适的药物种类,适量、适时用药,同时要注意化学药物种类的选择和用量,防止药害的发生和农药残留。

第三节　车前草的采收、食用与加工

一、车前草嫩茎叶的采收与食用

作为蔬菜食用的车前草,其主要的食用部位是幼嫩的茎和叶,也可以采收整株的车前草幼苗作为蔬菜食用。生产上,车前草幼苗长至6～7片叶,株高13～17厘米时可采收作为菜用。

车前草具有味道鲜美、香脆可口的特点,是一种具有特殊口感的野生蔬菜。食用车前草幼嫩的茎和叶时,可以先用开水烫软,再用清水浸泡后,用于凉拌、炒食、做汤,也可以做馅。

二、车前草种子的收获

车前草的种子收获通常要在植株果穗上部果实已收花,果穗下部果实外壳呈淡褐色、中部果实外壳呈黄色时进行。车前草的抽穗期较长,生产上可以每隔3～5天1次分批采收种子,4～5次完成。为了防止车前草裂果,导致种子脱落,通常可以在早上或阴天采收车前草果穗,继续晒穗以裂果、脱果,然后搓出种子。种子晒干后,要除净杂质,干燥保存。

三、车前草全草的采收

车前草的整株具有良好的药用功效。生产上,车前草穗已经抽出,未开花时期,进行全草收割,此时药效最好。车前草全草采收需要将整株连根拔起,去除泥土后,晒 2～3 天,待根颈部干燥后,收回室内,自然回软 2～3 天,保存出售。

四、车前草的加工

车前草的深加工产品也越来越丰富,由于车前草水溶性膳食纤维的含量较为可观,目前已经出现车前草功能性饮品,也可以将鲜嫩的车前草加工成罐头。车前草深加工产品的出现,进一步拓展了车前草的用途,也进一步提升了车前草的种植效益。

第二十六章

山　芹

山芹[*Ostericum sieboldii*（Miq.）Nakai]，为伞形科（Apiaceae）山芹属（*Ostericum*）多年生草本植物。山芹主要分布于我国东北辽宁、吉林、黑龙江等省山区的针阔叶混交林、杂木林下以及沟谷湿地等地。春季可以采摘山芹幼苗作为野菜，它是一种具有良好功效的药食同源野生蔬菜。

一、山芹的形态特征

山芹植株高 50～150 厘米。黄褐色或棕褐色的粗短主根有 2～3 个分枝。茎直立，中空，有分枝。基生叶及上部叶呈矩圆状卵形，2～3 回三出式羽状分裂，顶端短渐尖，边缘有紧密重锯齿，表面无毛或两面沿脉有粗毛，上部茎生叶多成披针形。

花序复伞形，伞辐 5～14 个，花序梗长 3～7 厘米，有短糙毛；小伞形花序有花 8～20朵，花瓣白色，长圆形，花柱较扁平的花柱基长 2 倍。果实长圆形至卵形，长 4.0～5.5 毫米，宽 3～4 毫米，成熟时呈金黄色，透明，有光泽。花期为 8—9 月，果期为 9—10 月。

二、山芹的生境及分布

山芹喜冷凉环境，是半耐寒性蔬菜，多生于山坡林下、草地、溪旁等湿润之地，主要分布于我国的东北及河北、山西、河南等省区。

三、山芹的营养成分

山芹是一种营养丰富的绿色野生蔬菜，具有很高的营养价值，含有丰富的维生素 A、维生素 B_2、维生素 C、维生素 E，富含铁、蛋白质以及多种氨基酸。山芹是高纤维食物，它经肠内消化作用产生一种木质素或肠内酯的物质,对人体具有很好的益处。

四、山芹的药用价值

山芹还具有很高的药用价值,可用于缓解风湿痹痛、腰膝酸痛、感冒头痛、痈疮肿痛等,山芹对呕吐、消化不良、腹胀、腹泻、贫血、头昏眼花等也具有良好的功效。

第二节　山芹的人工栽培技术

山芹幼苗生长缓慢,苗期长,易受杂草危害,山芹人工栽培应在繁殖、整地、除草、肥水管理、病虫害防治、适时采收等方面加以注意。

一、山芹的繁殖

1. 种子繁殖

山芹人工栽培主要采用种子繁殖。山芹种子小,种皮厚,生产上通常先将山芹种子进行处理后再播种,以提高发芽率。主要的处理措施是用温水(35 ℃)浸种1～4 小时,再用赤霉素35～40 毫克/千克浸种2 小时,流水冲洗后置于25 ℃下催芽,种子露白即可播种。山芹播种后要覆盖遮阳网,出苗后及时揭去遮阳网。

2. 分株繁殖

山芹栽培可以用种子繁殖,也可以用分株的方式进行营养繁殖。4 月份,从野外挖取野生山芹植株,带土挖回,使用锋利的刀片进行分株,每个分株苗都要带根,以增加移栽成活率。

二、山芹的栽培

1. 整地

选择土层深厚的地块,以平坦、不积水、湿润、有机质含量高的沙质壤土为佳。每亩施用腐熟的厩肥4 500 千克左右,辅以三元复合肥15 千克。翻耕,耙平,做畦,理好排水沟,畦宽控制在1.5 米左右。

2. 定植

山芹幼苗高10 厘米时即可定植,或者长到6 片叶时进行移栽定植。移栽定植以秋季为宜,按照行距15 厘米、株距6～10 厘米进行定植,移栽深度控制在根茎处位于地下1.0～1.5 厘米即可,这样可以使山芹叶柄向上直立生长,易于密植,增加产量。定植后及时浇水。

移栽 1 周后观察移栽苗成活率,及时补苗,视土壤墒情适时补浇水。

3. 田间管理

定植后,及时浇水,在缓苗后 15～20 天,追施 1 次氮肥,促进幼苗生长。春季肥水管理是山芹栽培中的关键。当春季土壤解冻后,清理田间的枯叶,每亩追施 20～30 千克尿素,适时浇水。生长中后期应及时中耕除草和补施磷钾肥。

> **小贴士**
>
> 山芹追肥要注意时节,最好在生长旺盛的时候及时追肥,追肥要与浇水同时进行,以确保肥料大量被植株利用,施肥时要每次少量,多次施用。

三、山芹的病虫害防治

山芹具有较强的抗病、抗虫能力。人工栽培山芹发生的病害相对较轻,生产上主要是有针对性地采取生物防治和化学防治等措施。

第三节　山芹的采收、食用与加工

一、山芹的采收

山芹是我国东北地区主要的野生蔬菜之一,食用范围广,年消费量高,近年来人工栽培的面积也较大,部分还出口到国外,具有很高的经济效益。山芹具有味甘、性平的特点,能够滋阴润肺、养血、养胃。夏季可用来煮水喝,具有消暑作用。

山芹的采收应在茎叶未老化时进行,采收时可以采摘幼嫩的地上部分,也可以连根一起采收。采收的山芹,摘除老叶、黄叶、病叶后清理干净,即可上市或者作为鲜蔬食用。

二、山芹的食用

山芹主要食用部位为幼嫩的幼苗等,以 4—6 月采收 10 厘米左右的幼苗为主。嫩苗去根及黄叶,洗净,可炒食、做汤、做馅。

三、山芹的加工

山芹的加工主要以腌制和干制加工为主。

1. 山芹的腌制

选择长 15 厘米的山芹幼苗,摘净叶子,切去老根。先在缸底铺 2 厘米厚的食用盐,然后放一层菜加一层盐,放盐量要逐层加厚,直到满缸为止,上层再铺 2 厘米厚的盐,盐、菜比例为 35∶100。最后压上镇石。适时取出再加工或食用。

2. 山芹的干制

山芹的干制是东北地区主要的加工方式。先将山芹清理干净,去除老叶、黄叶、病叶,然后去除山芹表面的水分。加热杀青的温度应在 110～115 ℃,采用滚动方式进行均匀杀青。杀青完冷却到室温后,再转入烘干室里进行烘干,烘干的温度为 80 ℃。烘干的山芹在烘干室缓慢回软,最后包装、保存及运输。

第二十七章

蒲公英

❀ 第一节　蒲公英的概述 ❀

　　蒲公英（*Taraxacum mongolicum* Hand.-Mazz.），为菊科（Asteraceae）蒲公英属（*Taraxacum*）多年生草本植物，别名黄花地丁、婆婆丁、华花郎等。蒲公英在我国分布非常广泛，主要自然生长于中低海拔地区的山坡、草地、路边、田野、河滩，在我国几乎所有地区均有分布。中国以外主要分布于北半球的朝鲜、蒙古、俄罗斯等地。蒲公英最典型的特点是头状花序，长冠毛白色，种子上白色冠毛结成的绒球，花开后随风飘到新的地方生长成植株。

　　蒲公英外层大叶可以作为蔬菜食用，营养价值高，有特殊的风味，是一种优良的野生蔬菜，在我国具有悠久的食用传统。另外，蒲公英还是一种优良的药食同源植物，具有广阔的开发利用前景。

一、蒲公英的形态特征

　　蒲公英植株高 10～25 厘米。蒲公英叶根生，呈倒卵状披针形、倒披针形或长圆状披针形，长 4～20 厘米，宽 1～5 厘米，排成莲座状。大头羽裂，裂片三角形，全缘或有数齿，含白色乳汁。蒲公英植株根单一或分枝，外皮黄棕色，深长。顶生单一头状花序，长约 3.5 厘米；草质总苞片为绿色，部分呈紫红色或淡红色，舌状花鲜黄色，先端平截，5 齿裂，两性。瘦果顶生白色冠毛，呈倒披针形，土黄色或黄棕色。

二、蒲公英的生境及分布

　　蒲公英植株适应性强，耐热、抗旱、耐寒、耐涝、耐瘠薄，具有较强的抗病性。蒲公英喜光，喜温凉环境，早春地温 1～4 ℃即可萌发，种子发芽最适温度为 15～20 ℃，叶生长最适温度为 20～22 ℃。蒲公英可在各种类型的土壤条件下自然生长，在大部分土壤中均可成活。

　　我国蒲公英资源丰富，分布很广，东北、华北、华东、华中、西北、西南等各地均有分布。

广泛分布于田间、丛林、宅畔、路旁、沟边、荒地、坡地及丘陵地带。

三、蒲公英的营养成分

蒲公英是一种营养极为丰富的野生绿色蔬菜,具有很高的营养价值,不仅含有人体必需的胆碱、有机酸、菊糖、葡萄糖、类胡萝卜素,而且含有丰富的蛋白质、维生素、微量元素和纤维素等营养物质。蒲公英还含有多种三萜醇,如蒲公英甾醇、蒲公英赛醇、蒲公英苦素等。蒲公英富含铁、钙、钾等人体所需的矿物质。

现代研究证实,蒲公英含有蒲公英醇、蒲公英素、胆碱、有机酸、菊糖等多种健康营养成分,蒲公英可生吃、炒食、做汤,是药食兼用的植物。

四、蒲公英的药用价值

蒲公英具有很高的药用价值。《新修本草》中记录蒲公英"味甘,平,无毒";《本草述》记录蒲公英"甘,平,微寒";《新修本草》记录"主妇人乳痈肿";《纲目拾遗》记录"疗一切毒虫蛇伤";《岭南采药录》记录"炙脆存性,酒送服,疗胃脘痛"。《上海常用中草药》中记载蒲公英"清热解毒,利尿,缓泻"。蒲公英还对缓解感冒发热、扁桃体炎、急性咽喉炎、急性支气管炎、流火、淋巴腺炎、风火赤眼、胃炎、肝炎、骨髓炎等有帮助。

五、蒲公英的观赏价值

蒲公英的花朵姿态独特,别有一番韵味。蒲公英种子如同一只只降落伞,随风而行,透露出一股灵气,因此蒲公英具有较高的观赏价值。

第二节　蒲公英的人工栽培技术

蒲公英是多年生宿根性植物,野生条件下二年生植株即可开花结籽。

一、蒲公英的繁殖

蒲公英野生资源丰富的地方主要采用蒲公英种根繁殖的方式进行繁殖。在秋季的10月份,挖根后集中栽培于大棚中,株行距8厘米×30厘米,第二年早春季即可萌芽,这时再施1次有机肥,即可采收叶片及植株。

二、蒲公英的栽培

1. 种子采收

蒲公英开花数随植株生长年限而逐渐增多,有的单株开花数可达20个以上,开花后经 13～15 天种子即成熟。蒲公英的花盘外壳由绿变为黄绿,种子由乳白色变褐色时就可以进行种子采收。蒲公英种子千粒重为 0.8～1.2 克,部分大型蒲公英种子千粒重达到 2 克。

采收蒲公英种子时可轻轻将蒲公英花盘摘下,置于阴暗处后熟 2～3 天,待花盘全部散开,再将种子阴干 1～2 天,轻微搓掉种子尖端的茸毛,晒干种子备用。

2. 整地做畦

整地做畦是蒲公英人工栽培生产的重要一步。生产上,蒲公英种植田块要肥沃、疏松,同时该地区要光照充裕、气候湿润。蒲公英种植前要对生产田块进行翻耕,整地做畦,通常畦宽 100～150 厘米。结合施足底肥进行翻耕、整平土地,畦两旁的沟深以 10～15 厘米为宜。

3. 直播

成熟的蒲公英种子休眠期很短或没有休眠期,蒲公英播种从初春到盛夏均可进行。可以将蒲公英种子直接播种于整理好的播种畦上,也可将种子与土混合后,放在温度 20 ℃的阴暗处,待种子出现露白时播种,播种后 1～2 天即可生根发芽。

播种前在准备好的播种畦面开浅沟,沟间距 20 厘米,然后将准备好的蒲公英种子播在沟内,播种后覆浅土,土厚 0.3～0.5 厘米。蒲公英人工栽培播种时要求土壤湿润,播种后采用喷洒的方式进行浇水。另外,春季蒲公英播种可以使用地膜覆盖,夏季播种可以进行一定的遮雨,防止雨水使种子覆于土中,导致出苗不好。温度过高时,也可以使用遮阳网进行处理,防止温度过高,影响蒲公英种子发芽出苗。

4. 育苗移栽

对于采用育苗移栽进行蒲公英人工栽培的,将蒲公英种子以与直播类似的方式播种于育苗畦,播种量比直播要大,可以控制在约 2 克/米^2,待蒲公英幼苗长出 4～6 片真叶时,即可进行炼苗 1～3 天,然后移栽。

蒲公英人工栽培生产田块,幼苗移栽密度可以控制在每亩 7 000～10 000 株。过密不利于通风和保证蒲公英植株生长空间;过稀蒲公英叶片铺地生长导致土地生产率降低,产量下降。

5. 田间管理

(1) 中耕除草 蒲公英苗龄 10 天时,可以进行第一次中耕除草,以后每 10 天中耕除草 1 次,直到封垄。蒲公英植株封垄后,可以采取人工拔草方式进行除草。

(2) 间苗、定苗 对于直播方式进行的蒲公英人工栽培,通常在蒲公英出苗 10 天左右间苗,株距 3～5 厘米;20～30 天进行定苗,株距 8～10 厘米,撒播者株距 5 厘米即可。间苗、定苗可以结合中耕除草进行。

(3) 肥水管理 蒲公英植株对土壤条件要求不严格,肥沃、湿润、疏松、有机质含量高的土壤有利于蒲公英植株的生长发育,提高蒲公英的产量和品质。人工栽培蒲公英时,可以施足农家肥作底肥,2 000～3 500 千克/亩,还可以施用 17～20 千克硝酸铵作种肥。蒲公英播种后需要保持土壤湿润,出苗后,也要始终保持土壤有适当的水分。蒲公英生长期间追肥 1～2 次,翌春返青后可结合浇水施用化肥(亩施尿素 10～15 千克、过磷酸钙 8 千克)。

三、蒲公英的病虫害防治

蒲公英抗病、抗虫能力很强,一般不需进行病虫害防治。人工栽培蒲公英发生的病害主要有叶斑病、斑枯病、锈病等。

1. 叶斑病

叶面初生针尖大小褪绿色至浅褐色小斑点,后扩展成圆形至椭圆形或不规则状,中心暗灰色至褐色,边缘有褐色线隆起,直径 3～8 毫米,个别病斑 20 毫米。

2. 斑枯病

初于下部叶片上出现褐色小斑点,后扩展成黑褐色圆形或近圆形至不规则形斑,大小5～10 毫米,外部有一不明显黄色晕圈。后期病斑边缘呈黑褐色。

3. 锈病

锈病主要危害蒲公英植株叶片和茎。初在叶片上现浅黄色小斑点,叶背对应处也生出小褪绿斑。后产生稍隆起的疱状物,疱状物破裂后,散出大量黄褐色粉状物,叶片上病斑多时,叶缘上卷。

蒲公英病害的防治方法为:蒲公英人工生产田块发生病害时,及时收集病残体带出田外;清沟排水,避免偏施氮肥,适时喷施植宝素等,使植株健壮生长,增强抵抗力。也可以使用 42％福星乳油 8 000 倍液、20.67％万兴乳油 2 000～3 000 倍液、50％扑海因可湿性粉剂 1 500 倍液喷洒防治。注意生产上在使用农药 7 天后才能采收。

第三节　蒲公英的采收、食用与加工

一、蒲公英的采收

1. 大叶采收

蒲公英可以采收绿色植株的外层大叶,或用刀割取心叶以外的叶片供食用。采收根据人工种植蒲公英长势,可以每隔 15～20 天割 1 次,也可一次性割取整株上市。采收时可距地表 1.0～1.5 厘米处平行地面下刀,保留地下根部,也可掰收植株叶片。蒲公英整株割取后,根部受损流出白浆,1周左右不宜浇水,以防烂根。

2. 带根全草采收

蒲公英也可以采挖带根的全株,去泥晒干后备用。

二、蒲公英的食用、加工和利用

1. 蒲公英的食用

蒲公英风味独特,味鲜美清香且爽口,可生吃、炒食、做汤、炝拌。将蒲公英鲜嫩大叶洗净,沥干蘸酱,略有苦味。也可将洗净的蒲公英大叶用沸水焯1分钟,沥出,用冷水冲一下,佐以辣椒油、味精、盐、香油、醋、蒜泥等拌成风味各异的小菜。蒲公英大叶做馅,将蒲公英嫩茎叶洗净焯水后,稍攥、剁碎,加佐料调成馅(也可加肉)包饺子或包子。

另外,也可以将蒲公英作为佐料加工成蒲公英粥、蒲公英红枣汤、蒲公英桔梗汤、蒲公英玉米汤等。

2. 蒲公英加工利用

蒲公英也可以用来加工成蒲公英饮料,例如,蒲公英黄瓜复合保健饮料、蒲公英梨汁保健饮料等,还可加工成蒲公英酱、蒲公英酒、蒲公英咖啡、蒲公英糖果、蒲公英花粉、蒲公英根粉等。蒲公英的根洗净后切成薄片晾干,粉碎制成蒲公英根粉,用来冲茶具有良好的保健功能。

第二十八章

老山芹

《第一节　老山芹的概述》

老山芹（*Heracleum dissectum* Ledeb.），为伞形科（Apiaceae）芹亚科（Apioideae Drude）独活属（*Heracleum*）多年生宿根草本植物。老山芹又被称为东北牛防风、短毛白芷和大叶芹等，是东北林区常见的野生蔬菜。老山芹植株耐阴性较强，多见于河岸湿地、山坡、林下等湿润环境。老山芹具有丰富的营养价值和独特的风味，同时也是药食同源的绿色野生蔬菜，有东北山野菜"绿色黄金"的美誉。

一、老山芹的形态特征

老山芹株高 60～120 厘米，茎直立，中空，有沟棱，有毛，带紫红色。茎顶端有较少分枝。叶柄长 8～15 厘米，叶片通常有 3～5 片小叶，小叶呈卵状长圆形，再羽裂或深缺刻状分裂成长圆形小裂片，边缘有锯齿，表面疏生微毛，背面密生短茸毛。直根系，有须根，数目不多，肉质根较脆。主根明显粗大，基部直径 3～6 厘米，长度 12～20 厘米。复伞房花序，花小，白色，扁卵形双悬果，花期 7—8 月，果熟期 8—9 月。

二、老山芹的生境及分布

老山芹喜温和、冷凉、湿润的环境，生长最适温度为 18～25 ℃，自然状态下主要生长在山坡林下、天然林中、林缘、河边湿地以及草甸等处。老山芹具有较强的耐寒能力，植株地上部分能够经受−4 ℃数小时而不受冻害，地下宿根能够抵御−40 ℃低温。老山芹耐阴，日照时间以 3～4 小时为宜，喜含腐殖质多的壤土与沙壤土。

老山芹主要分布于我国，其中东北是主要的分布地区，西南、华北及华中地区也有零星分布。辽宁省、吉林省、黑龙江省多个地区的野生资源多，野生老山芹产量较大。

三、老山芹的营养成分

老山芹是一种营养极为丰富的绿色野生蔬菜，具有很高的营养价值，含有丰富的氨基酸和黄酮类化合物。老山芹嫩叶可食用，翠绿多汁，清爽可口，是具有鲜明特色的色、香、味俱佳的野生蔬菜。

四、老山芹的药用价值

老山芹还具有很高的药用价值，全株可入药，可用于缓解风湿性关节炎、腰膝酸痛、头痛等病症，对祛风除湿、退热解毒、清洁血液、降糖降压也具有良好的功效。老山芹对高血糖、高血脂、高血压、心脏血管与癌症化疗及化疗后的康复具有显著的食疗效果。另外，老山芹富含的膳食纤维，可以帮助胃肠蠕动，清理肠道垃圾，具有抗疲劳、抗辐射、减肥益智等功能。

第二节　老山芹的人工栽培技术

老山芹人工栽培主要从整地、播种、定植、田间管理、病虫害防治等方面着手。

一、老山芹的栽培

1. 整地

老山芹人工栽培宜选择土层深厚、平坦、湿润、有机质含量高的沙质壤土，生产田块不宜积水。将生长田块深翻，深度35厘米左右、耙平，做畦宽120厘米，畦距40厘米，畦长度依据生产田块确定。整地的同时整理好排水沟，施足底肥，通常是腐熟有机肥和复合肥。

2. 播种

老山芹的果实由绿色变成褐色时便可采收，采下的果实先阴干，放于冷凉通气处备用。老山芹种子具有较强的休眠特性，播种前需要低温层积。生产上通常在11月初进行低温层积处理，先用温水浸泡24小时，然后与3倍体积的细河沙混拌均匀，调节含水量60%左右，埋于室外阴凉处，覆土10厘米厚，上面做成龟背形。老山芹一般是在来年4月中旬播种，播种后10天左右出齐苗。

3. 定植

待老山芹幼苗长到3叶期即可定植，按照行距15～20厘米、株距10～15厘米进行定植，移栽深度以根茎处于地下1.0～1.5厘米为宜，定植后及时浇水。移栽1周后观察移栽苗成活率,及时补苗,视土壤墒情适时补浇水。

4. 田间管理

老山芹幼苗定植后要及时浇水,并在缓苗后 2 周追施 1 次氮肥,促进幼苗生长。肥水管理是老山芹人工栽培中的关键,需追施尿素和补施磷钾肥,追肥要和浇水同时进行,以确保肥料大量被植株利用。追肥可以结合中耕除草进行。

二、老山芹的病虫害防治

老山芹具有较强的抗病、抗虫能力,人工栽培发生的病虫害相对较轻,主要的病害是白粉病,主要的虫害是蚜虫。

老山芹白粉病在发病初期可以使用 15% 三唑酮可湿性粉剂 1 500 倍液,每隔 7～10天喷施 1 次,视病情连续喷施 2～3 次。老山芹生产上可以通过加强田间管理、合理密植、降低田间湿度等方法降低发病的概率,同时通过增加磷、钾肥施入,促进壮苗,提高植株的抗性。田间出现发病植株时,尽量清除老山芹病残体,以达到降低病害程度的目的。

老山芹发生蚜虫危害时,初期可以使用 10% 吡虫啉可湿性粉剂 2 500 倍液,每隔 7～10 天喷施 1 次,通常连续喷施 2～3 次可以达到防治效果。

第三节 老山芹的采收、食用与加工

一、老山芹的采收

老山芹人工生产栽培,嫩苗高度达到 15～25 厘米,叶片长度 10～15 厘米时可以进行采收。老山芹采收时选择色泽良好、质地脆嫩的植株,用锋利的刀贴近地面采割嫩苗。高产栽培田块可以每半个月采收 1 次,一年采收 3～4 茬。

二、老山芹的食用

老山芹幼嫩的植株可以用来凉拌、炒食、制馅、腌渍,可与排骨同煮食,也可以单独用作馅料。老山芹食用时应人工初选,剔除病、虫、伤、烂的畸形叶片。

三、老山芹的加工

1. 老山芹的低温贮藏

采收并挑选品质优良的老山芹嫩苗,叶片长度以 10～13 厘米为宜。首先用淡盐水进行喷淋,洗去泥沙等杂质,然后沥干水分,放入贮藏袋,封口,尽量排出袋内空气,最后放于低温冷库进行贮藏。

2. 老山芹的腌渍

采收并挑选品质优良的老山芹嫩苗,叶片长度以 10～13 厘米为宜,在沸水中烫漂 2～3 分钟,冷却,沥干水分后进行捆扎。捆扎后码放在腌渍容器中进行腌渍。

3. 老山芹的干制

采收并挑选品质优良的老山芹嫩苗,叶片长度以 10～13 厘米为宜。将老山芹嫩苗码放在干制环境中,采用 55～70 ℃热风干燥、自然晒干后包装。

4. 老山芹的深加工

老山芹除了出售鲜菜、腌制品和干制品外,也可以老山芹为原料,加工成老山芹有机面粉、老山芹营养挂面,大大提升了老山芹的附加值。将一定比例的超细粉碎老山芹结合大豆加工制成老山芹腐竹也可取得良好的经济效益。

第二十九章

落 葵

落葵(*Basella alba* L.)，为落葵科(Basellaceae)落葵属(*Basella*)一年生草本植物，又名木耳菜、豆腐菜、藤菜、潺菜等。落葵以幼苗、嫩梢或嫩叶为食用部分，质地柔嫩软滑，维生素 C 含量在绿叶类蔬菜中居首位，富含钙、铁等营养元素，还含有葡聚糖、糖胺聚糖、类胡萝卜素、有机酸等物质，营养价值高。在食疗方面，落葵有清热解毒、利尿通便、补骨健脑、降低胆固醇等功效。落葵属藤蔓型蔬菜，枝蔓繁多，适用于庭院、窗台、阳台和小型篱栅的装饰美化。落葵既可食用，又可观赏，还具有一定的药用价值，近年来在我国各地均有种植，备受人们青睐。落葵嫩叶味道清香，咀嚼的时候清脆爽口如同木耳，因此得名木耳菜。

小贴士

落葵是一种藤蔓型草本植物，茎叶为绿色，花朵为白色或淡红色，果实为紫黑色，看起来动人可爱，可以用来装饰美化庭院和阳台。

一、落葵的形态特征

落葵茎肉质，无毛，可长达数米。叶片大，卵形或近圆形，基部圆形或微心形，下延成柄，全缘，背面叶脉微凸。穗状花序，腋生，长 3～15 厘米；苞片较小，早落；具小苞片 2 枚，萼状，长圆形，宿存；花被片卵状长圆形，全缘，下部白色，顶端淡红色；雄蕊着生花被筒口，花丝短，基部扁宽，白色，花药淡黄色；柱头椭圆形。果实球形，一般呈深红色或黑色，多汁多液。花果期5—10月。

二、落葵的生境及分布

落葵主要生长在海拔2 000米以下的地区,原产亚洲热带地区,在亚洲、非洲及美洲等地广泛栽培。落葵喜温,适应性较强,耐热耐湿,但不耐寒,即使在较高温度条件下,只要不遇干旱,仍可生长。对土壤质量要求不高,但以肥沃疏松的沙壤土为宜。

三、落葵的营养成分

落葵的营养价值很高,富含维生素C和钙、铁等营养元素,一直被列为稀特蔬菜,果实还可用作天然的食品着色剂。据测定,每100克落葵可食用部分含蛋白质1.7克、碳水化合物3.1克、钙205毫克、铁2.2毫克,还含有胡萝卜素4.5毫克、维生素C 102毫克,其中维生素C含量在绿叶菜中位居首位。

四、落葵的药用价值

落葵的叶、花、果实或全草均可入药,有滑肠、利便、清热、解毒、健脑、降低胆固醇等功效,经常食用能防止便秘、降血压、益肝、清热凉血。全草药用可作缓泻剂,有滑肠、散热、利大小便的功效;花汁有清血解毒作用,能解痘毒,外敷治痈毒及乳头破裂。

《第二节　落葵的人工栽培技术》

一、落葵的繁殖

生产上,落葵一般采用种子繁殖,以条播或撒播方法进行畦作栽培。落葵还可以用茎段扦插繁殖。

二、落葵的栽培

1. 品种选择

选用生长势强、分枝多、耐热、叶片肥厚、光滑肉质、营养价值高、无病虫害的品种。

2. 整地施肥

播种前要整地施肥,每亩施腐熟的有机肥3 000～4 000千克,过磷酸钙50千克,深翻、耙平,做成平畦,畦宽1.0～1.2米。

3. 浸种催芽

落葵种皮厚且坚硬,发芽困难,播种前应进行催芽处理。可用 35 ℃的温水浸种 1～2 天后,搓洗干净,捞出放在 30 ℃条件下保湿催芽。待 4～5 天后,当种子露白时,即可播种,播种可采用条播或撒播。

4. 适期播种

一般气温需稳定在 15 ℃以上时,落葵才可进行露地播种栽培,播后 50 天左右就可采摘落葵嫩茎叶食用。一般在 4 月份播种,6 月份就可采收。

5. 田间管理

(1) 苗期管护 落葵出苗后,要进行松土,幼苗具 1～2 片真叶时可以进行间苗,间下来的幼苗可以移栽,也可食用。至 4～5 片真叶时,即可定苗或定植。遇气温偏低,落葵出苗速度慢,为提高室内温度,夜间可在棚内加盖草帘,出苗前尽量不通风,一般白天温度应保持在 20 ℃以上,夜间温度高于 15 ℃。

(2) 水肥管理 定植缓苗后,应及时进行追肥浇水,每亩施尿素 15 千克、磷钾复合肥 5 千克。落葵喜湿润环境,应小水勤灌,以保持菜畦内土壤湿润为宜,采收前两周要追施 1 次肥,以后则每采收 1 次结合追肥灌 1 次水,同时要及时进行中耕除草,并适当向植株基部培土。对于蔓生品种,缓苗后要及时插架和引蔓上架。

三、落葵的病虫害防治

落葵栽培过程中,病虫害的防治是落葵高产的重要保障。生产中,落葵虫害危害很小,褐斑病、苗腐病、灰霉病是落葵常见的几种病害。

1. 褐斑病

(1) 主要症状 落葵褐斑病也叫红点病,主要危害叶片生长,被害叶片病斑呈水渍状小圆点,灰白色至黄褐色,逐渐扩大,中间略显下陷,叶子边缘呈紫褐色,严重时引起叶片早枯。

(2) 防治方法 适当密植,改善植株通风透光条件,避免浇水过量、施用氮肥过多。还可以在发病初期使用 65％代森锌可湿性粉剂 500 倍液喷洒,防止病害蔓延。

2. 灰霉病

(1) 主要症状 一般在植株生长的中期发病,病叶有水渍一样的病斑,逐渐发展而使叶片萎蔫腐烂。茎部染病,则有水渍状浅绿斑,病茎易折倒腐烂,并生有灰霉。

(2) 防治方法 加强肥水管理和中耕松土,适当增加磷钾肥的用量,提高植株抗病性,另外加强保温,预防高湿。在发病初期,可喷施百菌清或速克灵粉剂防治灰霉病。

3. 苗腐病

(1) 主要症状 苗腐病会危害幼苗的基部和叶子,染病的植株很容易折倒,叶片也会脱落。

(2) 防治方法　要及时去除染病的植株,加强田间管理,及时防渍排涝,降低土壤湿度。在发病初期可以喷施杜邦克露或者乙磷锰锌,防治苗腐病。

第三节　落葵的采收、食用与加工

一、落葵的采收

株高 20～25 厘米时就可进行落葵采收,一般主要选取落葵的嫩叶和嫩茎采摘和食用,留茎基部少许叶片,促进腋芽发育,长出新梢。采收嫩茎叶,应在无露水的时候进行,如遇阴雨天,则可提前采摘。对于种植过密的地块,可选择从基部采摘,以利于通风透光。在气温不低于 25 ℃的条件下,一般每隔 10～15 天采收 1 次,或者每次都采大留小,实施连续采收。

二、落葵的食用

落葵是一种药食同源的佳蔬,具有丰富的营养成分和较好的保健功能。落葵口感鲜嫩,营养价值高,食用方法非常多,清炒以及做汤都是不错的选择,常规吃法主要有:凉拌落葵、落葵鸡蛋汤、蒜蓉炒落葵、煮面等,另外落葵还可作为火锅的重要食材。

三、落葵的加工

落葵作为药食赏共用植物,目前主要的食用方式仍是以鲜食为主,市场上关于其商品化的产品还较少。生产中,一般选取叶片挺直、脆嫩、完整、无压伤、无腐烂、无枯萎的植株进行捆扎,每把 400～500 克。一般需要先根据落葵商品性进行分把,之后摘除黄叶、烂叶以及压伤的部分,将根部整理对齐后,用胶带在离根部 10 厘米左右的位置捆扎一道,经检验合格后,装筐。

第三十章

慈　姑

《 第一节　慈姑的概述 》

慈姑（*Sagittaria trifolia* L.），为泽泻科（Alismataceae）慈姑属（*Sagittaria*）多年生水生或沼生草本植物，又名剪刀草、燕尾草。慈姑原产我国，主要分布于长江以南地区。慈姑营养丰富，富含淀粉、蛋白质及铁、钙、锌、磷、硼等多种活性物所需的微量元素。慈姑以球茎作蔬菜食用，可煮食或加工制片、制粉等。《本草纲目》记载慈姑"苦、甘，微寒，无毒"。慈姑具有泻热、解毒、通淋等食疗功效，不仅能够生津润肺，补中益气，还可用于咳嗽、痰中带血、小便涩痛、疮毒、湿疹等病的食疗。慈姑是一种优良的药食同源蔬菜，是保健食品中的珍品。

另外，慈姑叶形奇特，适应能力较强，还被用作水边、岸边的绿化材料，也可作为盆栽供观赏。

一、慈姑的形态特征

慈姑植株高大，株高通常能达 1 米。慈姑根为须根系，无根毛，茎种类多样，主要有短缩茎、匍匐茎和球茎。秋季慈姑植株的短缩茎从各叶腋间向地下四面斜下方抽生匍匐茎，长 40～60 厘米，粗 1 厘米，每株 10 多枝，顶端着生膨大的球茎，高 3～5 厘米，横径 3～4 厘米，呈球形或卵形，具 2～3 环节。慈姑植株的顶芽呈尖嘴状，叶多为戟形，着生在短缩茎上，具长柄，长 25～40 厘米，宽度可达 10～20 厘米。慈姑为总状花序，雌雄异花，花萼、花瓣各 3 枚，雄蕊多数，雌花心皮多数，集成球形，其果实为瘦果，具小突起，种子多为褐色。

二、慈姑的生境及分布

慈姑原产于我国，南北各地均有分布，以南方分布较多。慈姑生长要求光照充足、气候温和的生长环境,土壤肥沃,土层不太深的黏土环境易于其生长。慈姑的适应性较强,在各种水面的浅水区均能生长。由于慈姑植株较为高大,风、雨易造成慈姑植株叶茎折断,球茎生长受阻。

三、慈姑的营养成分和药用价值

慈姑是低脂肪、高碳水化合物的食品,其碳水化合物的含量高于莲藕和荸荠,仅次于芡实。据测定,每100克慈姑可食用部分碳水化合物含量高达20克,慈姑含有丰富的蛋白质、脂肪,还富含钙、铁、钠、钾、维生素、烟酸等营养元素。慈姑的球茎及全草还可以入药,秋季采集,洗净晒干,有清热止血、解毒消肿、散结的作用,外用可治痈肿疮毒和毒蛇咬伤。

《第二节　慈姑的人工栽培技术》

一、慈姑的繁殖

慈姑的栽培生产以球茎的顶芽进行繁殖。慈姑生长过程中,春季气温升高到 14 ℃ 以上时,球茎顶芽萌发生叶,并自茎的第 3 节发生须根。慈姑植株幼小时,生长缓慢,需肥较少,水位宜浅,以利提高土温,促进生长和发根。

二、慈姑的栽培

1. 品种选择

我国栽培的慈姑按照球茎的形态和颜色可分为黄白慈姑和青紫慈姑两种类型。黄白慈姑球茎呈卵圆形或扁圆球形,皮黄色或黄白色,肉质较松,基本无苦味,耐贮性较差。黄白慈姑生长较快,抗逆性较差。青紫慈姑球茎近圆球形,皮青色或青色带紫,肉质较紧密,稍有苦味。青紫慈姑耐贮性好,生长速度中等,抗逆性较强。

2. 催芽和育苗

为了促使慈姑早出芽,育苗前可先进行催芽。催芽的方法是将留种用的慈姑植株顶芽用芦席或草包围好,上面覆盖湿草,干燥时及时浇水,保持 15 ℃ 以上的温度和一定的湿度,经 10～15 天出芽后,再进行露地育苗。如栽植较晚,气温已达 15 ℃ 以上时,可不经催芽而直接育苗。长江流域慈姑育苗应在当地断霜后进行,选取良种球的顶芽,以株行距 8 厘米×8 厘米为宜插入苗床中。栽插深度要求顶芽第 3 节位入土 2 厘米,以利生根,水深保持 3 厘米左右,以利提高土温,促进慈姑幼苗生长健壮。

3. 定植

慈姑幼苗定植时间根据各地的气候条件及茬口安排确定,与其他作物套种的,多在小满季节定植。慈姑定植前要准备好栽培田块,整地要求松软平坦。定植时拔起秧苗,摘除外围叶片,仅留 16～20 厘米叶柄,以免定植后遇风摇动,影响成活。栽植时将慈姑幼苗根部栽入土中 10 厘米左右,随即将根部泥土填平。植株株行距因品种而异,一般生长期长、发棵大的慈姑品种株行距为 40 厘米×40 厘米,生长期短的株行距为 35 厘米×35 厘米为宜。

4. 田间管理

(1) 水肥管理　慈姑整个生育期都要保持浅水层,务必不能出现干旱。慈姑高产栽培过程中,苗期要浅水勤灌,以提高土温。定植 1 个月左右,可适时排水搁田,以促进根部生长。夏季高温季节,夜间可灌水降温。植株大量抽生匍匐茎时,可适当排水搁田,保持土壤干湿交替以促进匍匐茎的发生。慈姑生长后期要维持浅水层,保证球茎膨大的需要。慈姑高产栽培生产,由于植株生长发育需肥量大,在定植成活后追施 1 次提苗肥。

(2) 除老叶　慈姑栽培生产过程中,需要适时将植株外围老叶连同叶柄一起捺入株旁泥土里,以改善通风透光条件,同时又可增加土壤肥力。一般从小暑开始捺叶,每隔 20 天捺叶 1 次,共捺 3～4 次,直到白露为止。慈姑生长后期,植株大量抽生匍匐茎,进入结球阶段,此时需加强叶面积和地下根系的保护,促进慈姑养分的制造和吸收。

三、慈姑的病虫害防治

慈姑高产栽培过程中,易发生钻心虫和黑粉病等病虫害,需要加强综合防治。

1. 钻心虫

钻心虫属鳞翅目细卷蛾科,是危害慈姑生产的重要害虫,主要以幼虫钻蛀慈姑植株叶柄群集取食危害。慈姑栽培生产过程中,发生钻心虫害时,植株茎髓被蛀食空,产生大量粪便,导致减产。防治钻心虫可用杀虫灯、诱虫板及符合要求的农药进行综合防治。慈姑收获后要及时清除残株,消灭越冬钻心虫幼虫,减轻虫害。

2. 黑粉病

黑粉病是慈姑高产栽培生产中的主要病害,该病害常在高温多湿的季节发生,分布较广。发生黑粉病的慈姑植株多出现 3 种类型症状:一是叶片上出现淡绿色圆形小斑点,以后逐渐变为黄绿色痘状突起斑疱,常被称为“疱疱病”。病部常有白色浆液流出,最后病疱枯黄破裂,有许多黑色粉粒散出,有时疱状突起全部脱落为孔状。二是叶上着生黄褐色肿斑,后干缩破裂脱落呈破网状的孔洞。三是叶面出现褐绿色或橙黄色病斑,边缘不明显,表皮下生许多黑色小点,叶背初为黄白色,后表皮破裂露出黑色孢子堆。叶柄病斑初为褪绿圆形小点,后发展成绿色椭圆形瘤状突起,上生纵沟;后期呈橘黄色瘤状突起,表皮破裂后可见许多黑色粉粒。慈姑生产上,可在黑粉病发病初期及时使用化学药剂防治,10～15天1次,连续防治2～4次,注意使用化学药剂的种类和安全。

《第三节 慈姑的采收、食用与加工》

一、慈姑的采收

慈姑采收时间因地区和市场需求不同而异,长江流域的慈姑采收时期通常为10月下旬至12月上旬。当慈姑植株地上部分枯黄即可采收。慈姑刚枯黄时采收产量较低,生产上采用延迟采收,可以增加产量。慈姑栽培生产过程中,在10月底至11月初,排出田间积水,割去慈姑叶片,留茬15厘米左右,适时采收慈姑。

二、慈姑的食用

慈姑是中国特色的蔬菜种类之一,营养丰富,具有低脂肪、高碳水化合物的特点,同时还含有丰富的微量元素。慈姑肉微黄白色,质细腻,甘甜酥软,味微苦,可炒可烩可煮,还可做成加工品食用。

三、慈姑的加工

慈姑除了鲜食外,其加工产品种类也较多。慈姑采收后可经清洗去衣、分级包装后冷藏出口,或经去皮、漂烫后制成速冻慈姑出口,还可切片、油炸后制成慈姑片食用。此外,慈姑淀粉含量较高,还可以用来制作淀粉。

第三十一章

鸭儿芹

❄ 第一节　鸭儿芹的概述 ❄

鸭儿芹（*Cryptotaenia japonica* Hassk.），是伞形科（Apiaceae）鸭儿芹属（*Cryptotaenia*）植物，别名三叶芹、野蜀葵、鸭脚板草等。原产中国和日本，目前是我国和日本重要的栽培野生蔬菜种类之一。我国鸭儿芹人工栽培主要分布在长江以南地区，目前陕西、甘肃、河北、山西、湖北、湖南、四川、江苏、浙江、江西、安徽、福建、广东、广西、贵州、云南等地均有栽培。鸭儿芹为药食两用植物，嫩苗及叶可供蔬食，其质地柔嫩，芳香，风味独特，植株及根也可用于提取芳香油，果实可榨油，供制肥皂和油漆用。

一、鸭儿芹的形态特征

鸭儿芹为多年生草本植物，植株带有较为浓郁的香味，植株高度通常为 20～100 厘米。鸭儿芹植株主根较短、细长侧根数目众多，直立茎光滑，有分枝。基生叶，叶有柄，叶柄长 5～20 厘米，柄下部有膜质叶鞘，三出式分裂为主，叶脉有时略带紫红色，叶片轮廓三角至卵圆形。

鸭儿芹花序为圆锥状复伞形，花序梗不等长，小伞形花序有花 2～4 朵，花柄不等长；花萼齿细小，呈三角形；花瓣多呈倒卵形，白色居多；花丝短于花瓣，花药为卵圆形；花柱基圆锥形，花柱短，直立或分叉开。分身果长圆形，主棱 5 条，圆钝，光滑；横剖面近圆形，胚乳腹面平直，每棱槽内有油管 1～3 个，合生面油管 4 个。鸭儿芹种子千粒重为 2.25～2.50 克。

二、鸭儿芹的生境及分布

目前，世界有鸭儿芹 5～6 种，主要分布于欧洲、非洲、北美洲及中亚，我国主要分布于河北、浙江、江苏、安徽、福建、江西、贵州、四川等地区。鸭儿芹多分布于海拔 200～2 400

米的山地、山沟及林下较阴湿地区,也分布于丘陵地区的山沟或林下阴湿处。鸭儿芹喜阴凉潮湿环境,植株生长最适温度为15~22 ℃,耐寒力强,喜在中性、保水力强、有机质丰富的土壤中生长。高温干燥环境易导致其生长不良,植株老化造成产量和品质下降。鸭儿芹种子为喜光性发芽类型,发芽适温20 ℃左右。

三、鸭儿芹的营养成分

鸭儿芹口味独特,香气浓郁,具有芫荽和芹菜的香气,是一种具有很高营养价值和药用价值的野生蔬菜。据测定,每100克鸭儿芹含蛋白质1.1克、碳水化合物4.0克、膳食纤维3.0克、胡萝卜素7.30毫克、维生素B 0.46毫克、维生素C 33毫克、维生素K 33.2毫克、维生素P 2.05毫克。此外,鸭儿芹植株含有丰富的鸭儿烯、开加烯、开加醇等挥发油,以及黄酮、有机酸、生物碱、苯丙素和木质素等植物化学成分,具有抗氧化、抗菌等生理活性。

四、鸭儿芹的药用价值

现代药理分析表明,鸭儿芹的水煎液对金黄色葡萄球菌具有较好的抑制作用。我国医学认为,鸭儿芹性味辛、温,有祛风止咳、活血祛瘀、消炎、解毒等功效。可缓解感冒咳嗽、风火牙痛、肺炎、跌打损伤,外用治皮肤瘙痒、痈疽疔肿、带状疱疹等。鸭儿芹植株及果可入药,具有祛风止咳、利湿解毒、化瘀止痛的功效。

第二节　鸭儿芹的人工栽培技术

一、鸭儿芹的繁殖

鸭儿芹的繁殖方式主要有3种:

一是通过野外挖取鸭儿芹植株,直接作为种苗栽种。采取该方法时要注意选取健壮的鸭儿芹植株,剔除病株和虫株。野外挖取鸭儿芹植株,由于受到种苗数量的限制,通常不能用于大面积的鸭儿芹生产栽培,具有明显的局限性。

二是通过鸭儿芹植株分株的方式进行繁殖,也就是将鸭儿芹母体小株进行分株繁殖。采取该方法时要选择健壮、无病虫害的鸭儿芹母株进行分株繁殖。分株时,使用锋利的小刀将小株从鸭儿芹母株带根分离,分离的鸭儿芹小株放于阴暗潮湿的薄层土壤3~7天。待鸭儿芹小株长出新的根,适时移栽,便于成活。

三是利用鸭儿芹的种子育苗繁殖。该方法受限于鸭儿芹种子的获得等环节。

二、鸭儿芹的栽培

1. 栽培品种

目前生产上,主要按照颜色将鸭儿芹划分成 4 种类型:

(1) 绿色鸭儿芹　该品种比较常见,适口性好,适合做蔬菜食用,我国东北地区为主产区,能制成干制产品,远销海内外。

(2) 紫柄鸭儿芹　该品种主要特征在于叶柄为紫色,且叶片含少量紫色,主要分布在中国西南部。

(3) 紫色鸭儿芹　全株为紫色,包括叶柄及叶片,该品种在南京中山植物园有种植。

(4) 白色鸭儿芹　该品种主要特征在于叶柄及叶片的叶绿素含量不高,呈嫩白色,耐高温。

2. 播种育苗

(1) 种子处理　鸭儿芹播种前要对种子进行处理。通常先晒种 4～5 小时,然后用清水浸种 24 小时。由于鸭儿芹种子休眠期较长,浸种消毒后通常需要进行冷藏处理,通常可以置于冰箱冷藏室(5～7 ℃)中处理 20 天,期间每隔 5～7 天清洗种子 1 次。

(2) 苗床选择　鸭儿芹生产中,苗床通常选用保水保肥性好、土壤肥沃疏松的壤土。播种前每亩苗床施复合肥 30 千克,同时施足底肥,均匀翻入土中,畦面宽以 80～90 厘米为宜。秋季在大棚内育苗,需要遮阴、避雨。

(3) 播种方法　鸭儿芹生产每亩大田用种量为 600 克。播种前 1 天苗床浇透水,将经冷藏处理的鸭儿芹种子与少量细沙混合后撒播,每平方米苗床播种 10 克。然后盖薄土,浇足水,覆盖遮阳网保湿降温。

(4) 苗期管理　鸭儿芹播种后 5～7 天即可出苗,10 天左右齐苗,达到 50％～60％出苗率时即去除遮阳网。鸭儿芹苗期应经常检查床土湿度,如土壤水分不足则应及时补水。鸭儿芹幼苗生长期间,酌情施肥 1～2 次。秧苗长至 1～2 片真叶时间苗 1 次,播后 40～45 天,苗高 10～12 厘米时,即可移栽。

3. 定植

鸭儿芹定植前每亩可以施复合肥 20 千克、有机肥 1 000～1 500 千克。畦面宽 80～90 厘米,沟宽 50～60 厘米。选晴天傍晚或者阴天移栽,如覆盖遮阳网可全天移栽,行株(穴)距为 20 厘米×15 厘米,每亩栽 18 000～20 000 穴,每穴 3 株,栽后及时浇定根水。

4. 田间管理

(1) 温光管理　秋播鸭儿芹宜在设施内栽培,移栽时如遇高温晴热天气,栽前大棚要覆盖遮光率为 50％的遮阳网。鸭儿芹苗成活后,视天气情况适时调整遮阳网覆盖时间。11 月中下旬,夜温降至 5 ℃以下时,应覆盖薄膜保温。白天揭膜通风,否则容易诱发菌核病。

（2）水肥管理　前期气温高,空气干燥,水分蒸发快,应早晚各浇水1次。有条件的可采用喷灌的方式,高温期每天喷水1次,阴雨天不浇水。气温下降后,逐步减少浇水次数和浇水量。缓苗后及时追肥,隔10天追肥1次,共追肥3次,每次每亩兑水浇施尿素5千克。有条件的可在行间撒施肥料后用喷灌喷淋,或将尿素配制成300～500倍的液肥喷施,施肥后喷淋1次清水,以免发生肥害。开始采收后,每亩施复合肥15～20千克,以后每隔10天施1次氮肥。

（3）中耕除草　鸭儿芹定植成活后,结合追肥进行第一次中耕除草。鸭儿芹采取人工除草方式,定植后需除草2～3次,封行后不再除草。鸭儿芹栽培生产过程中不能使用除草剂,以防发生药害,同时也能提高鸭儿芹产品质量,降低农药残留。

三、鸭儿芹的病虫害防治

野生鸭儿芹栽培生产期间病害发生较少。夏季生产有时会发生斑枯病,主要虫害为蚜虫。在高温高湿的梅雨季节,植株过密,通风透气不良,有时会发生腐烂病,此时应加强开沟排水。另外,当鸭儿芹植株发生病害时,要拔出病株,控制病害蔓延。鸭儿芹生产过程中病虫害防治尽量使用高效低毒农药。

第三节　鸭儿芹的采收、食用与加工

一、鸭儿芹的采收

鸭儿芹全年可采收,以采摘嫩苗或嫩叶作为产品。鸭儿芹生产上,高温条件下35天、低温条件下50天左右,当植株长至25～30厘米时可采收第一茬。通常用锋利的刀距鸭儿芹植株基部2～3厘米处平割采收,然后除去杂质、黄老叶,扎成小捆出售。鸭儿芹适宜采收期较短,过早收获会影响产量,过晚收获,可食用部分叶柄老化,会导致品质下降。鸭儿芹高产栽培条件下,每茬产量可达1 000～1 500千克/亩,采收后及时施肥。播种后的第二年9月份停止采收,但可采收种子,用于下一季节生产。

二、鸭儿芹的食用

我国民间食用鸭儿芹的历史悠久,鸭儿芹在日本也是一种重要的叶用蔬菜,种植广泛。鸭儿芹的嫩叶、茎和花可以生食或烹饪,可以凉拌、做汤、炒肉、盐渍等,清脆可口。也可以将鸭儿芹用作调味料或加入沙拉中,味同芹菜。鸭儿芹的根也可食用,种子亦可做蛋糕、面包和饼干的调味品。

鸭儿芹全株可入药,全株入药能够改善虚弱、尿闭及肿毒等症状,是一种优异的药食同源野生蔬菜。

三、鸭儿芹的加工

目前,我国鸭儿芹规模化栽培还较少,大部分鸭儿芹产品为野生,且多在湖南、云南、贵州、四川、陕西以及东北等地,产量较高。由于鸭儿芹鲜菜不耐仓储物流运输,鸭儿芹鲜菜的销售范围较小,城市消费者难以品尝到野生原生态鸭儿芹。鸭儿芹也可通过腌制、晾干制备成干品及冻干制品。

第三十二章

蒲　菜

❖ **第一节　蒲菜的概述** ❖

蒲菜（*Typha angustifolia* L.），别名香蒲、蒲草、草芽，为香蒲科（Typhalatifolia）香蒲属（*Typha*）水生宿根性草本植物。蒲菜原产我国，广泛分布于世界各地，但只有我国作为蔬菜栽培，已有近3 000年的历史。蒲菜多生于沼泽河湖及浅水中，我国四川、湖南、陕西、甘肃、河北、江苏、浙江、云南、山西等地都有分布，以南方水乡最多。目前，我国蒲菜的主产区主要有云南建水、江苏淮安、山东济南等。

蒲菜是一种风味独特的特色野生蔬菜，我国不同地域食用蒲菜的部位有所不同，目前主要分为三类：一是由叶鞘抱合而成的假茎，名品有山东济南大明湖及淮安勺湖的蒲菜；二是白长肥嫩的地下匍匐茎，名品有河南淮阳的陈州蒲菜及云南昆明、建水一带的香芽蒲菜；三是白嫩如茭白的短缩茎，名品有云南元谋的席草蒲菜。蒲菜是我国部分地区重要的水生经济植物之一。

一、蒲菜的形态特征

蒲菜植株高大，株高通常达2米左右。蒲菜植株的叶片众多，叶片多呈扁平或披针形，叶长度也达1.5米左右，宽度通常只有1.0~1.2厘米，叶色常呈深绿色，叶鞘长40~70厘米，叶鞘多为圆柱形，粗2厘米左右，外表多呈淡绿色，叶鞘层层抱合，形成假茎。收获的蒲菜产品洁白柔嫩。蒲菜雌雄花序紧密连接；果实为小坚果，椭圆形至长椭圆形；果皮具长形褐色斑点。种子褐色，微弯。花果期为5—8月。

二、蒲菜的生境及分布

蒲菜原产中国，我国南北各地均有分布，南方水乡生长较多。蒲菜喜高温多湿气候，生长适温为15~30℃，当气温下降到10℃以下时，生长基本停止，越冬期间能耐−9℃低温,当气温升高到 35 ℃以上时,植株生长缓慢。蒲菜植株生长最适水深为 20～60 厘米,由于其植株高大,在 70～80 厘米的深水中也能够成活。蒲菜喜光怕阴,生长发育需要充足的光照,长江流域 6—7 月抽薹开花。对土壤要求不严,在黏土和沙壤土上均能生长,但以有机质含量高、淤泥层深厚肥沃的壤土为宜。

三、蒲菜的营养成分

蒲菜营养丰富,是一种优质的野生蔬菜。据测定,每 100 克蒲菜中含蛋白质 1.2 克、脂肪 0.1 克、碳水化合物 1.5 克、粗纤维 0.9 克、钙 53 毫克、磷 24 毫克、铁 0.2 毫克、胡萝卜素 0.01 毫克、维生素 C 6 毫克。另外,蒲菜植株全身都是宝,除幼叶基部和根状茎先端可作蔬菜食用外,其花粉即蒲黄可入药。

四、蒲菜的价值

1. 药用价值

蒲菜的嫩茎叶可以作为蔬菜食用,其花粉在中药上称蒲黄,蒲黄具有活血化瘀、止血镇痛、通淋的功效,在中国有着悠久的应用历史。文献报道,蒲黄具有镇痛、抗凝促凝、促进血液循环、降低血脂等作用,还有促进肠蠕动、抗炎、抗低压低氧、抗微生物等药理作用,临床有广泛的用途。

2. 生态价值

蒲菜植株根系发达,与水葱搭配有利于净化水质。此外,蒲菜还可以控制水土流失,促进土壤的发育和熟化,提高土壤中有机质及氮、磷、钾等的含量,从而提高土壤肥力。蒲菜还可以有效净化城市生活污水及工矿业废水中的磷、氮、总悬浮物等污染物质。随着国家越来越重视湿地的保护和发展,蒲菜作为野生水生植物被广泛应用于各地的城市湿地公园中,能为各个城市获得良好的生态保护效应,也能为其他生物提供栖息地,丰富整个湿地公园的生物多样性。

3. 绿化价值

蒲菜植株高大,叶片绿色,常用于点缀园林水池、湖畔,构筑水景,宜作为花境、水景背景材料,也可作盆栽布置庭院。因为蒲菜一般成丛、成片生长在潮湿多水环境,所以,通常以植物配景材料运用在水体景观设计中。蒲菜与其他水生植物按照它们的观赏功能和生态功能进行合理搭配设计,能充分创造出一个优美的水生自然群落景观。

4. 经济价值

蒲菜纤维含量高,用其叶片编制的草袋、草包、草席、坐垫、茶垫、提篮等手工编织品出口国外,能产生较好的经济效益。香蒲全草为良好的造纸原料;成熟的雌花序称蒲棒,可蘸油或不蘸油用以照明;雌花序上的毛称蒲绒,几乎为纯纤维,常用作枕絮。

《第二节　蒲菜的人工栽培技术》

一、蒲菜的繁殖

蒲菜生长健壮，繁殖方法简单，生产中多采用分株法或播种法。分株繁殖于每年4—6月进行。将蒲菜地下的根状茎挖出，用利刀截成每丛带有6～7个芽的新株，分别定植即可。

蒲菜种子发芽力较弱，后代性状易发生变异。蒲菜生产中，较少采用种子繁殖。蒲菜播种繁殖多于春季进行。播后不覆土，注意保持苗床湿润，夏季小苗成形后再分截。

二、蒲菜的栽培

1. 品种选择

目前生产蒲菜品种均为野生品种，但生长区域及生态环境不同会产生差异，形成不同生态型品种。我国蒲菜品种有淮安蒲菜、淮阳蒲菜、大明湖青蒲、大明湖红蒲、建水草芽等。现有的蒲菜品种均是原产地生长的无性系群体或野生种，由于其在当地长期栽培对环境条件的适应性有一定要求，通常蒲菜人工栽培生产多采用就近引种。蒲菜生产多采用无性繁殖，种株体积较大，长距离运输会加剧种茎活力下降，因此，也要求蒲菜的繁殖种茎多以就近选择或引种为宜。

2. 土壤选择

蒲菜喜肥。蒲菜生产中，多选择土壤淤泥层深厚、有机质含量高的沼泽或河湖沿边滩地种植。蒲菜植株对水深有一定的要求，水深过深或干旱频发的环境不宜选用。另外，水下土壤过沙、过黏，土壤瘠薄板结等环境会导致蒲菜草芽瘦小，采收时容易折断，导致蒲菜产量和品质下降，也不适合蒲菜的生产。

3. 定植

蒲菜定植以3—4月为宜，在气候温暖和冬季基本无霜的地区也可全年栽种。春季气温回升至15～20℃，如淮河流域多在4月初，选苗栽植。蒲菜定植多采用分株繁殖，栽植前，从留种圃中选择粗壮无病虫害的植株作为种株，将其连根带泥挖起，随挖随栽。蒲菜高产栽培的种植密度行间距均为0.5米即可，栽稳，不要太深。栽种过程中，如果蒲菜种株叶片过长，可剪去上端以防定植后因风摇动。

4. 田间管理

蒲菜生长期和采收期都很长。蒲菜高产栽培过程中首先要施足底肥，每年再分期追肥 3～4 次。基肥多施用绿肥和腐熟的猪牛粪肥,追肥以尿素和复合肥为好,一般每次每亩追肥 5～10 千克。蒲菜栽植 1 次,可连续采收 2～3 年。蒲菜连作 3～4 年后,地下盘根错节,植株长势衰退,必须更新换田。更新方法有两种,一种是春季在田中选挖具有本品种特征的新株,移栽于已备好的新田中;另一种是隔行挖去一部分植株,用萌发的新株替换。为了获得高产,一般每年重新定植 1 次。

三、蒲菜的病虫害防治

1. 鼠害物理防治

水鼠会啃掉刚出芽的蒲根,对蒲菜生长有害。对于蒲菜田里的鼠害采用人工捕捉的物理方法。即在离洞口一定距离处安放鼠笼,鼠笼里放置老鼠爱吃的新鲜实物作为诱饵,可以提高捉鼠效率。捕捉到的水鼠经无害化处理后填埋。

2. 病虫害化学防治

蒲田常见的虫害有大螟、二化螟和蚜虫,防治大螟、二化螟可用苏云金杆菌(Bt)可湿性粉剂防治,每亩用药 60 克左右,兑水 50 千克喷施。防治蚜虫用 10％吡虫啉可湿性粉剂 2 000 倍液喷雾防治。

另外,蒲菜生产过程中,要及时清除杂草,防治蚜虫及纹枯病。

第三节　蒲菜的采收、食用与加工

一、蒲菜的采收

蒲菜栽植后当年以适度采收为主,以后每年可全年采收。栽植后 60 天,当假茎高 30～40 厘米时即可开始采收,切取假茎后,剥除外层叶鞘,即为白嫩的蒲菜。每隔 15 天左右收 1 次,以 4—8 月产量最高,品质以 8 月份最佳。蒲菜采收时要注意行走方向,以免踩断新茎。为避免在采收过程中造成损伤,蒲菜采收多采用分层采收。

二、蒲菜的食用与加工

蒲菜菜体洁白如玉,食之肥嫩清香,素有"天下第一笋"的美誉。其假茎生食鲜嫩多汁,清香微甜,无涩味;熟食爽嫩柔软,无渣。除供鲜食之外,还可用来加工制成酱菜。烹制蒲菜最宜扒、烧、烩,也可用炒、熬、余、煮等法。炒蒲菜应旺火速成,保持脆嫩;做汤则应汤沸后再放蒲菜。蒲菜既可单独成菜如奶汤蒲菜、清汤蒲菜,又可与其他原料合烹。

参考文献

[1] 艾薇,李玲,黄榕,等.香椿扦插快繁技术研究.湖北师范大学学报(自然科学版),2022,42(1):46-49,90.

[2] 艾永兰.荠菜人工栽培技术.现代农村科技,2018,(11):20.

[3] 安素妨,许兰杰,肖爱利,等.蒲公英露地栽培技术及应用价值研究进展.安徽农学通报,2021,27(14):63-65,79.

[4] 曹华,季洁,樊海燕,等.野菊花的驯化繁殖及推广应用.中国园艺文摘,2016,32(02):156-157,189.

[5] 柴鑫键.薄荷栽培技术.黑龙江农业科学,2012,(5):163-164.

[6] 常雪梅.枸杞无公害栽培技术.农业技术与装备,2020,(3):149-150.

[7] 陈建国,程建东.马兰头的人工栽培.农家致富,2009,(20):32-33.

[8] 陈建明,张钰锋,钟海英,等.慈姑病虫害的发生与防治.浙江农业科学,2016,57(10):1742-1745.

[9] 陈曼,曾维银,龚攀.食用大黄栽培技术.特种经济动植物,2005,(6):35.

[10] 陈献平,常凌云,杨进强.桔梗栽培技术.现代农业科技,2013,(18):105,108.

[11] 陈新娟,徐志豪,陈小央.马齿苋嫩苗绿色高效种植技术.北方园艺,2022,(07):148-150.

[12] 陈中建,金小燕,李莎,等.香椿剪枝矮化栽培技术.长江蔬菜,2022,(1):37-39.

[13] 程玉静,袁春新,唐明霞,等.荠菜高产栽培技术.农业开发与装备,2018,(11):198-199.

[14] 崔小伟,姚姗,孙洪祥,等.蒲公英新品种选育及栽培技术.农家参谋,2021,(18):47-48.

[15] 代正福,雷朝云,周鹏.贵州野生笋竹蔬菜种质资源及其生境类型.热带农业科学,2002,22(5):4-8.

[16] 丁高峰,许自文.食用百合田间管理技术.现代农业科技,2020,(1):95.

[17] 丁怀伟,姚佳琪,宋少江.马齿苋的化学成分和药理活性研究进展.沈阳药科大学学报 2008,(10):831-838.

［18］董然,孙晓丹,王克凤,等.薇菜繁殖及加工技术研究现状.北华大学学报(自然科学版),2018,19(1):24-28.

［19］董兴华,张瑛,张永吉,等.慈姑轻简栽培技术规程.现代农业科技,2019,(17):86,88.

［20］杜书增,孔嫄嫄,张秋菊,等.紫花苜蓿营养价值的研究进展.北方牧业,2021,(19):23-24.

［21］范淑英,吴才君,盛蕾,等.野生保健蔬菜蘘荷的人工栽培技术.蔬菜,2004,(3):21-22.

［22］范双喜.现代蔬菜生产技术全书.中国农业出版社,2004.

［23］傅茂润,茅林春.黄花菜的保健功效及化学成分研究进展.食品与发酵工业,2006,(10):108-112.

［24］葛长军,闫良,徐丽荣,等.紫苏侧枝扦插技术研究.湖北农业科学,2021,60(14):76-78.

［25］管丽丽,王国梁,苗全亮.日光温室香椿密植栽培技术.农业工程技术,2022,42(7):63-64.

［26］郭凤领,李俊丽,王运强,等.高山野生韭菜资源营养成分分析.湖北农业科学,2014,53(22):5523-5525.

［27］郭红莉.黄花菜高产栽培及重要施肥技术.农民致富之友,2012,(17):7.

［28］韩淑英.紫花苜蓿的价值及高效栽培方法.畜牧兽医科技信息,2021,(9):215-216.

［29］何建军,陈学玲,关健,等.莼菜保鲜加工方法.长江蔬菜,2011,(17):4-5.

［30］何天祥,蔡光泽,郑传刚,等.山葵栽培技术.耕作与栽培,2004,(5):53-54.

［31］何万兴,李刚,何天江,等.山葵的利用、栽培及病虫害防治现状.云南农业大学学报,2002,(4):408-410,456.

［32］华美健.浅谈香椿栽培管理.特种经济动植物,2022,25(5):92-93.

［33］黄梅生.浅谈食用百合的应用和无公害栽培技术.农家参谋,2022,(7):49-51.

［34］惠墅华.紫花苜蓿优质高产栽培技术.农业技术与装备,2021,(9):155-156.

［35］姜殿勤,姜滨,张俭卫.野薄荷实用价值及人工栽培.特种经济动植物,2008,11(1):36-37.

［36］姜巍,陈爱星,王春华.落葵露地栽培技术.吉林蔬菜,2016,(Z1):21.

［37］蒋宏.紫花苜蓿优质高产栽培管理技术.农业科技与信息,2021,(5):45-46,49.

［38］蒋欣梅,孙天宇,刘汉兵,等.不同种类老山芹总酚和总黄酮含量及抗氧化能力的初步研究.中国蔬菜,2018,(9):24-28.

［39］金鑫,何翠,曾旭.国内魔芋栽培模式研究进展.农学学报,2022,12(1):65-69.

［40］孔祥亮,孙玉涛,王祥会.桔梗绿色高质高效栽培技术.基层农技推广,2021,9(03):123-124.

［41］郎娜,罗红霞.黄花菜中黄酮类物质抗氧化性的研究.食品研究与开发,2007,(3):74-77.

[42] 李逢振. 竹笋贮藏保鲜技术的研究. 农产品加工, 2021, (12): 66-68.

[43] 李刚凤, 王敏, 谭沙, 等. 即食薇菜加工工艺研究. 保鲜与加工, 2017, 17(1): 89-93.

[44] 李桂凤, 董淑敏, 李兴福, 等. 野生刺儿菜营养成分分析. 营养学报, 1999, (4): 478-479.

[45] 李桂凤, 万春燕, 岳辉. 野生蔬菜——刺儿菜营养价值与食疗方. 东方食疗与保健, 2004, (10): 70.

[46] 李海燕. 紫苏的栽培技术和综合利用. 山东农业科学, 2006, (6): 33-34.

[47] 李洪益, 李虎杰. 车前草高效栽培技术. 广西农业科学, 2003, (6): 73-74.

[48] 李吉勇, 李典友. 薇菜的功用与栽培技术探讨. 园艺与种苗, 2013, (5): 22-24.

[49] 李佳, 郭延荣, 彭晓娟, 等. 慈姑的特征特性及栽培技术. 现代农业科技, 2018, (11): 94, 96.

[50] 李淼. 木耳菜的营养与栽培技术. 现代农业, 2014, (5): 22.

[51] 李琪. 车前草高产栽培技术要点分析. 农技服务, 2016, 33(05): 69.

[52] 李双梅, 柯卫东, 黄新芳. 蒲菜的高产栽培技术. 蔬菜, 2009, (2): 32-33.

[53] 李素美, 徐萌, 周爱琴, 等. 野生山韭引种栽培及营养成分分析. 江苏农业科学, 2020, 48(19): 156-159.

[54] 李兴平. 枸杞利用价值及栽培技术的相关研究. 种子科技, 2021, 39(5): 24-25.

[55] 李燕, 柯剑鸿, 焦大春, 等. 莼菜的营养价值及其应用研究进展. 长江蔬菜, 2018, (18): 36-39.

[56] 林晓彤, 何潮安, 李育军, 等. 华南地区慈姑的栽培与应用. 长江蔬菜, 2019, (20): 35-37.

[57] 林秀芳. 珍珠芦荟的繁殖与栽培技术. 福建热作科技, 2021, 46(2): 34-36.

[58] 刘畅. 薄荷的研究概况与进展. 科技致富向导, 2015, (18): 248.

[59] 刘朝安, 曾文丹, 武鹏, 等. 野韭菜的植物学特性及其栽培技术. 北方园艺, 2013, (13): 211.

[60] 刘厚诚, 刘新琼, 饶璐璐, 等. 野菜栽培与加工技术. 中国农业出版社, 2004.

[61] 刘蒋琼, 罗西, 胡美华, 等. 西湖莼菜优质高产栽培技术. 长江蔬菜, 2019, (16): 38-40.

[62] 刘静, 柳林虎, 李慧敏, 等. 荠菜栽培技术. 蔬菜, 2013, (7): 35-36.

[63] 刘立友, 储召金, 姚传伦. 魔芋栽培技术. 现代农业科技, 2010, (22): 83.

[64] 刘敏, 葛红娟, 冯小雨, 等. 吉林地区山野菜中维生素 C 及黄酮含量的测定. 吉林医药学院学报, 2017, 38(1): 27-29.

[65] 刘胜辉. 无公害蔬菜——蘘荷及其栽培. 广西热带农业, 2001, (4): 9.

[66] 刘艳杰, 王丹丽. 高寒林区野生薇菜生存环境调查研究. 林业科技, 2018, 43(6): 24-25.

[67] 刘艳全,刘鹏,蒋珍菊,等.山葵生物活性成分及其保健作用的研究进展.中国食物与营养,2017,23(4):59-62.

[68] 刘玉平,柯卫东,朱红莲,等.莼菜栽培技术.蔬菜,2009,(3):34-35.

[69] 龙冰雁,申明达,廖高文.芦荟栽培新技术.农业开发与装备,2019,(12):166,140.

[70] 卢尚林.竹笋加工利用的现状与问题.中外企业家,2013,(4):55,57.

[71] 陆俊,张佳琦,赵培瑞,等.鸭儿芹精油成分、抗氧化与抑菌活性研究.经济林研究,2017,35(2):100-104.

[72] 骆兆智.食用大黄种植技术.青海农技推广,2016,(3):7-8.

[73] 马成亮.诸葛菜.特种经济动植物.2002,(4):26.

[74] 马密霞,梅燕.诸葛菜的研究现状与开发应用前景.安徽农业科学,2012,40(09):5109-5111,5113.

[75] 马庆,许雷,李建领,等.野菊生态种植技术研究与应用.安徽农业科学,2022,50(09):49-53.

[76] 马原松.车前草的生物学特性及栽培技术.河南农业科学,2006,(09):109-110.

[77] 马源.食用百合栽培技术要点.青海农技推广,2021,(1):8-9.

[78] 牟彦军,马晓玲,黎志辉.蒲公英种植栽培技术与管理研究.农业灾害研究,2021,11(10):10-11.

[79] 潘国云,徐长青.地方特色蔬菜茗荷栽培技术.上海农业科技,2008,(02):83.

[80] 潘浦群,张秋,王丽娟.野生刺儿菜和刻叶刺儿菜中氨基酸与微量元素含量的比较分析.安徽农业科学,2009,37(29):14109-14110.

[81] 蒲玲玲,段洁,张莎莎,等.野生菊花不同部位氨基酸的分析.营养学报,2018,40(04):415-416.

[82] 钱娣,朱国红,徐冉,等.淮安蒲菜及其栽培利用现状.农技服务,2017,34(24):32-33.

[83] 乔银针.枸杞栽培技术规范.中国农业信息,2015,(10):73-74.

[84] 任全进,包惠红,朱颖颖,等.药食赏兼备植物鸭儿芹的繁殖及利用.现代农业科技,2014,(19):111,113.

[85] 史先良,高建党,冯亚平.紫苏高产栽培技术.现代农业科技,2009,(24):130-131.

[86] 孙冰.蒲公英人工栽培技术.特种经济动植物,2020,23(2):33.

[87] 孙长花,张素华.牛蒡的营养和药用价值及其加工利用.扬州大学烹饪学报,2008,(2):61-64.

[88] 孙琴.野生蔬菜鸭儿芹人工栽培技术要点.广东蚕业,2021,55(12):83-84.

[89] 孙玉萍.香椿繁育及菜材兼用林造林技术.乡村科技,2021,12(19):64-66.

[90] 孙元学,杜登科,邓正春,等.特产蔬菜蒲菜优质高产高效生产关键技术.农业科技通

讯,2014,(9):249-251.

[91] 陶先萍.日光温室木耳菜栽培技术.现代农业研究,2018,(4):40-41.

[92] 田其英.蒲菜的保鲜和加工研究进展.食品研究与开发,2014,35(22):128-131.

[93] 田曦.薄荷栽培技术要点.乡村科技,2021,12(12):60-61.

[94] 童妙君.野生蔬菜马兰头及其栽培要点.中国野生植物资源,2003,(4):72-74.

[95] 涂任平.马齿苋人工栽培技术要点.特种经济动植物,2021,24(1):39.

[96] 万正林,黄雄彪,龙明华,等.野韭菜水培栽培技术.北方园艺,2014,(19):55-56.

[97] 汪李平.长江流域塑料大棚落葵栽培技术.长江蔬菜,2018,(20):16-19.

[98] 王东侠,赵洪德,王明生,等.魔芋主要病害的发生及综合防治.现代农业科技,2021,
(20):98-99.

[99] 王福祥,孙公江,莫江玉.马兰的营养成分利用和栽培技术要点.吉林蔬菜,2006,
(4):38-39.

[100] 王海峰.落葵栽培.农民致富之友,2015,(7):37.

[101] 王宏.牛蒡栽培与保鲜加工技术.农技服务,2016,33(14):49,26.

[102] 王洁,王文,王丹丹.无公害牛蒡的栽培管理.特种经济动植物,2015,18(9):42-43.

[103] 王苗苗,吴宜钟,吴亚胜,等.莼菜优质高产种植技术.现代农业科技,2018,(1):64-
65.

[104] 王天新,张守宗,张艳玲.大黄的栽培与加工技术.宁夏农业科技,2009,(6):184-
185.

[105] 王鑫.黄花菜采收与加工贮藏技术.农业科技通讯,2005,(1):42.

[106] 王秀丽.北方早春大棚木耳菜栽培技术.吉林农业,2015,(16):93.

[107] 王中林.牛蒡市场前景分析及栽培关键技术.科学种养,2020,(3):20-22.

[108] 魏平柱.诸葛菜及其产品开发.襄樊学院学报,2021,32(9):25-27,31.

[109] 吴宝成,刘启新.鸭儿芹的综合利用及其栽培与繁殖技术.中国野生植物资源,
2012,31(4):67-72.

[110] 吴财辉,徐宏伟.长白山林区薇菜生存技术规程.特种经济动植物,2018,21(08):47-
48.

[111] 夏道宗,陈佳,邹庄丹.马齿苋、车前草复合保健饮料的研制及其抗氧化作用研究.
食品科学,2009,30(4):118-122.

[112] 肖箫,何义发.薇菜的生物学特性及薇菜的加工与利用.湖北民族学院学报(自然科
学版),2012,30(2):135-138.

[113] 谢永刚.老山芹高效生产技术.科学种养,2018,(6):58-59.

[114] 谢永刚.鸭儿芹高效生产技术.科学种养,2018,(7):57-58.

[115] 邢作山,孔凡武.马齿苋的栽培和加工.西北园艺,2001,(2):33.

[116] 徐坤,卢育华.50种稀特野蔬菜高效栽培技术.中国农业出版社,2001.

[117] 徐兰竹,欧林.大竹县巴山红香椿矮化密植栽培技术探讨.南方农机,2016,(z1):65-66.

[118] 徐鑫.桔梗栽培技术.现代化农业,2021,(7):34-35.

[119] 严志萱,杜利鑫.木耳菜设施栽培技术.现代农业科技,2015,(17):94,96.

[120] 杨春梅,张含生,张建全,等.薇菜孢子苗规模化繁育与林下栽培技术.北方园艺,2017,(3):67-68.

[121] 杨海鹰,曹海燕,孙建东.落葵安全高效栽培技术.上海蔬菜,2014,(6):40.

[122] 杨静,邓英,吴康云,等.贵州特色野生蔬菜开发利用价值.农技服务,2016,33(16):133,127.

[123] 杨礼恒.高山魔芋种植技术及病害分析.农业技术与装备,2021,(12):167-168.

[124] 杨希花.山葵优质高产种植技术.江西农业,2018,(2):19,21.

[125] 杨艳洲.紫苏栽培技术.农业科技与信息,2010,(11):25.

[126] 杨玉凤.野韭菜的特征特性与栽培技术.致富之友,2004,(8):9.

[127] 姚百宁,杨蕾,于佳鑫,等.桔梗标准化繁育与栽培技术.陕西林业科技,2020,48(2):111-113.

[128] 尹雪华,王凤娜,徐玉勤,等.香椿的营养保健功能及其产品的开发进展.食品工业科技,2017,38(19):342-345,351.

[129] 于丽,杨金娟,周兴隆,等.宁夏黄花菜主要病虫害现状及用药建议.农药科学与管理,2021,42(7):14-17,13.

[130] 余宏军,蒋卫杰,孙旻明,等.十九种稀特蔬菜的营养价值.北方园艺,2008,(8):52-56.

[131] 余信,何美云,路登宇,等.食用百合高效生态栽培技术.农业技术与装备,2020,(3):145-146.

[132] 曾珍.野菜志.重庆大学出版社,2008.

[133] 翟彩娇,程玉静,王康,等.襄荷栽培技术及其综合应用现状.江苏农业科学,2021,49(10):30-35.

[134] 张爱军.菜用枸杞栽培技术.现代农村科技,2022,(3):25.

[135] 张国宝.野菜栽培与利用.金盾出版社,2002.

[136] 张杰.食用大黄栽培技术要点.特种经济动植物,2016,19(5):49-50.

[137] 张雷,王凌云,陈淑玲.莼菜的特征特性及栽培管理技术.现代农业科技,2015,(12):101-102,113.

[138] 张挺书.浅议魔芋栽培与病虫害防治.广东蚕业,2021,55(5):85-86.

[139] 张晓申,左红娟,吴小波,等.马齿苋的药食价值及栽培技术.长江蔬菜,2021,(21):

41-42.

[140] 张旭. 枸杞的栽培技术与病虫害防治. 农业灾害研究,2021,11(6):13-14.

[141] 张学政,崔文革,李洪贤,等. 野生蔬菜——老山芹人工栽培技术. 林业实用技术, 2009,(2):39.

[142] 张永吉,张永泰,周如美,等. 慈姑无土轻简育苗技术. 中国蔬菜,2016,(11):93-95.

[143] 张跃林. 马兰无公害栽培及加工技术. 上海蔬菜,2006,(4):39-40.

[144] 张云虹,张永吉,苏芃,等. 慈姑栽培技术研究进展. 现代农业科技,2020,(23):51-53.

[145] 赵金,钟凤英,魏晓明. 薄荷人工栽培技术. 新农业,2015,(23):35-36.

[146] 赵世琳,罗智健,陶依然,等. 竹笋采后加工的研究进展. 食品安全导刊,2022,(1): 186-188,192.

[147] 周淑荣,董昕瑜,包秀芳. 落葵栽培管理. 特种经济动植物,2014,17(8):45-48.

[148] 周淑荣,郭文场. 落葵食疗价值及栽培管理要点. 特种经济动植物,2019,22(1):46-49.

[149] 周涛. 襄荷的加工技术. 农牧产品开发. 2000,(6):21-22.

[150] 周霞. 大棚芦荟栽培技术. 农业科技通讯,2006,(2):37.

[151] 周元新. 毛竹笋竹两用林高效栽培技术. 中国林副特产,2022,(2):44-45,48.

[152] 朱进,何标,张道敏,等. 高山特色蔬菜山葵高效栽培技术. 长江蔬菜,2008,(19):10-11.

[153] 朱育红,朱金才,张国友. 淮安蒲菜发展前景及栽培技术. 长江蔬菜,2013,(18):150-151.

[154] 祝丽香. 保健蔬菜车前草栽培技术. 西北园艺(蔬菜),2005,(2):15-16.

[155] 诸尧兴. 马兰头营养价值及栽培技术. 现代农村科技,2012,(1):15.

[156] 邹念梁. 桔梗栽培方法. 中国林副特产,2018,(2):51,54.

[157] Banno N, Akihisa T, Tokuda H, et al. Triterpene acids from the leaves of *Perilla frutescens* and their anti-inflammatory and antitumor-promoting effects. Journal of the Agricultural Chemical Society of Japan, 2004, 68(1): 85-90.

[158] Chen H M, Wu Y C, Chia Y C, et al. Gallic acid, a major component of *Toona sinensis* leaf extracts, contains a ROS-mediated anti-cancer activity in human prostate cancer cells. Cancer Letters, 2009, 286(2): 161-171.

[159] Ferracane R, Graziani G, Gallo M, et al. Metabolic profile of the bioactive compounds of burdock (*Arctium lappa*) seeds, roots and leaves. Journal of Pharmaceutical and Biomedical Analysis, 2009, 51(2): 399-404.

[160] Gharneh H A, Hassandokht M R. Chemical composition of some iranian purs-

lane (*Portulaca oleracea*) as a leafy vegetable in south parts of Iran. Acta Horticulturae, 2012(944): 41-44

[161] Mohamed A I, Hussein A S. Chemical composition of purslane (*Portulaca oleracea*). Plant Foods for Human Nutrition, 1994, 45(1): 1-9.

[162] Kravtsova S S, Khasanov V V. Lignans and fatty-acid composition of *Arctium lappa* seeds. Chemistry of Natural Compounds, 2011, 47(5): 800-801.

[163] Lin Y L, Lu C K, Huang Y J, et al. Antioxidative caffeoylquinic acids and flavonoids from *Hemerocallis fulva* flowers. Journal of Agricultural and Food Chemistry, 2011, 59(16): 8789-8795.

[164] Luo P, Huang B Q. Study on exploitation of new vegetable germplasm *Orychophragmus violaceus* O. E. Schulz, a member of *Brassicaceae*. Acta Horticulturae, 1996(407): 75-78.

[165] Maruta Y, Kawabata J, Niki R. Antioxidative caffeoylquinic acid derivatives in the roots of Burdock (*Arctium lappa* L.). Journal of Agricultural and Food Chemistry, 1995, 43(10): 2592-2595.

[166] Müller-Waldeck F, Sitzmann J, Schnitzler W H, et al. Determination of toxic perilla ketone, secondary plant metabolites and antioxidative capacity in five *Perilla frutescens* L. varieties. Food & Chemical Toxicology, 2010, 48(1): 264-270.

[167] Potterat O. Goji (*Lycium barbarum* and L. Chinense): Phytochemistry, pharmacology and safety in the perspective of traditional uses and recent popularity. Planta Medica, 2009, 76(1): 7-19.

[168] Szewczyk K, Pietrzak W, Klimek K, et al. Flavonoid and phenolic acids content and in vitro study of the potential anti-aging properties of *Eutrema japonicum* (Miq.) Koidz cultivated in wasabi farm poland. International Journal of Molecular Sciences, 2021, 22(12): 6219.

[169] Ye C L, Hu W L, Dai D H. Extraction of polysaccharides and the antioxidant activity from the seeds of *Plantago asiatica* L. . International Journal of Biological Macromolecules, 2011, 49(4): 466-470.

[170] Zhang X, Li Y, Cheng J, et al. Immune activities comparison of polysaccharide and polysaccharide-protein complex from *Lycium barbarum* L. . International Journal of Biological Macromolecules, 2014, 65: 441-445.

[171] Zhao F, Wang L, Liu K. In vitro anti-inflammatory effects of arctigenin, a lignan from *Arctium lappa* L. through inhibition on NOS pathway. Journal of Ethnopharmacology, 2009, 122(3): 457-462.

[172] Zhao J, Deng J W, Chen Y W, et al. Advanced phytochemical analysis of herbal tea in China. Journal of Chromatography A, 2013, 1313: 2-23.

[173] Zhu J, Liu W, Yu J, et al. Characterization and hypoglycemic effect of a polysaccharide extracted from the fruit of *Lycium barbarum* L.. Carbohydrate Polymers, 2013, 98(1): 8-16.

[174] Ikewuchi J C, Ikewuchi C C, Ifeanacho M O. Nutrient and bioactive compounds composition of the leaves and stems of *Pandiaka heudelotii*: A wild vegetable. Heliyon, 2019, 5(4): e01501.

[175] Hiel S, Bindels L B, Pachikian B D, et al. Effects of a diet based on inulin-rich vegetables on gut health and nutritional behavior in healthy humans. American Journal of Clinical Nutrition, 2019, 109(6): 1683-1695.

[176] Xiao H, Cai X, Fan Y, et al. Antioxidant Activity of Water-soluble Polysaccharides from *Brasenia schreberi*. Pharmacognosy Magazine, 2016, 12(47): 193-197.

[177] Ahmed M, Ji M, Sikandar A, et al. Phytochemical analysis, biochemical and mineral composition and GC-MS profiling of methanolic extract of Chinese arrowhead *Sagittaria trifolia* L. from Northeast China. Molecules, 2019, 24(17): 3025.

[178] Rathee S, Ahuja D, Rathee P, et al. Cytotoxic and antibacterial activity of *Basella alba* whole plant: A relatively unexplored plant. Pharmacol, 2010, 3: 651-658.

[179] Kumar S, Prasad A K, Iyer S V, et al. Systematic pharmacognostical, phytochemical and pharmacological review on an ethno medicinal plant, *Basella alba* L. J Pharmacogn Phytother, 2013, 5: 53-58.

[180] Kumar V, Bhat Z A, Kumar D, et al. Gastroprotective effect of leaf extracts of *Basella alba* var albaagainst experimental gastric ulcers in rats. Brazilian Journal of Pharmaceutical Sciences, 2012, 22: 657-662.

[181] Azad A K, Wan Azizi W S, Babar Z M, et al. An overview on phytochemical, anti-inflammatory and anti-bacterial activity of *Basella alba* leaves extract. Joural Science Research, 2013, 14: 650-655.

[182] Adhikari R, Kumar N, Shruthi S D. A review on medicinal importance of *Basella alba* L. International Journal of Pharmaceutical Sciences and Drug Research, 2012, 4: 110-114.

[183] Truong V L, Ko S Y, Jun M, et al. Quercitrin from *Toona sinensis* (Juss.) M. Roem. attenuates acetaminophen-induced acute liver toxicity in HepG2 cells and mice through induction of antioxidant machinery and inhibition of inflammation.

Nutrients, 2016, 8(7): 431.

[184] Liu H W, Tsai Y T, Chang S J. *Toona sinensis* leaf extract inhibits lipid accumulation through up-regulation of genes involved in lipolysis and fatty acid oxidation in adipocytes. Journal of Agricultural and Food Chemistry, 2014; 62(25): 5887-5896.

[185] You H L, Chen C J, Eng H L, et al. The effectiveness and mechanism of *Toona sinensis* extract inhibit attachment of pandemic influenza A (H1N1) virus. Evidence-based Complementary and Alternative Medicine, 2013, 2013: 479718.

[186] Xi S, Li Y, Yue L, et al. Role of Traditional Chinese medicine in the management of viral pneumonia. Frontiers in Pharmacology, 2020, 11: 582322.

[187] Li J, Lin X, Zhang Y, et al. Preparative purification of bioactive compounds from *Flos Chrysanthemi indici* and evaluation of its antiosteoporosis effect. Evidence-based Complementary and Alternative Medicine, 2016, 2016: 2587201.

[188] Zhang C, Qin M J, Shu P, et al. Chemical variations of the essential oils in flower heads of *Chrysanthemum indicum* L. from China. Chemistry & Biodiversity, 2010, 7(12): 2951-2962.

[189] Liu C C, Wu Y F, Feng G M, et al. Plasma-metabolite-biomarkers for the therapeutic response in depressed patients by the traditional Chinese medicine formula Xiaoyaosan: A ^{1}H NMR-based metabolomics approach. Journal of Affective DisorderS, 2015, 185: 156-163.

[190] He X F, Geng C A, Huang X Y, et al. Chemical constituents from Mentha haplocalyx Briq. (*Mentha canadensis* L.) and their α-glucosidase inhibitory activitiesNatural Products and Bioprospecting, 2019, 9(3): 223-229.

[191] Yang J, Wu L, Yang H, et al. Using the Major components (cellulose, hemicellulose, and lignin) of *Phyllostachys praecox* bamboo shoot as dietary fiber. Frontiers in Bioengineering and Biotechnology, 2021, 9: 669136.

[192] Zhang J J, Ji R, Hu Y Q, et al. Effect of three cooking methods on nutrient components and antioxidant capacities of bamboo shoot (*Phyllostachys praecox* C. D. Chu et C. S. Chao). Journal of Zhejiang University-Science B, 2011, 12(9): 752-759.

[193] Liu L, Liu L, Lu B, et al. Evaluation of antihypertensive and antihyperlipidemic effects of bamboo shoot angiotensin converting enzyme inhibitory peptide *in vivo*. Journal of Agricultural and Food Chemistry, 2012, 60(45): 11351-11358.

[194] Li X, Guo J, Ji K, et al. Bamboo shoot fiber prevents obesity in mice by modulating the gut microbiota. Scientific Reports, 2016, 6: 32953.

[195] Dong Q, Lin X, Shen L, et al. The protective effect of herbal polysaccharides on ischemia-reperfusion injury. International Journal of Biological Macromolecules, 2016, 92: 431-440.

[196] Cai H, Yang X, Cai Q, et al. *Lycium barbarum* L. Polysaccharide (LBP) reduces glucose uptake via down-regulation of SGLT-1 in Caco2 Cell. Molecules, 2017, 22(2): 341.

[197] Lin N C, Lin J C, Chen S H, et al. Effect of goji (*Lycium barbarum*) on expression of genes related to cell survival. Journal of Agricultural and Food Chemistry, 2011, 59(18): 10088-10096.

[198] Skenderidis P, Lampakis D, Giavasis I, et al. Chemical properties, fatty-acid composition, and antioxidant activity of goji berry (*Lycium barbarum* L. and *Lycium chinense* Mill.) fruits. Antioxidants (Basel), 2019, 8(3): 60.

[199] Ma T, Wang Z, Zhang Y M, et al. Bioassay-guided isolation of anti-inflammatory components from the bulbs of *Lilium brownii* var. viridulum and identifying the underlying mechanism through acting on the NF-κB/MAPKs pathway. Molecules, 2017, 22(4): 506.

[200] Hong X X, Luo J G, Kong L Y. Two new chlorophenyl glycosides from the bulbs of *Lilium brownii* var. viridulum. Journal of Asian Natural Products Research, 2012, 14(8): 769-775.

[201] Ke W, Wang P, Wang X, et al. Dietary *Platycodon grandiflorus* attenuates hepatic insulin resistance and oxidative stress in high-fat-diet induced non-alcoholic fatty liver disease. Nutrients, 2020, 12(2): 480.

[202] Kim J I, Jeon S G, Kim K A, et al. *Platycodon grandiflorus* root extract improves learning and memory by enhancing synaptogenesis in mice hippocampus. Nutrients, 2017, 9(7): 794.

[203] Ji M Y, Bo A, Yang M, et al. The pharmacological effects and health benefits of *Platycodon grandiflorus*—A medicine food homology species. Foods, 2020, 9(2): 142.

[204] Pang D J, Huang C, Chen M L, et al. Characterization of inulin-type fructan from *platycodon grandiflorus* and study on its prebiotic and immunomodulating activity. Molecules, 2019, 24(7): 1199.

[205] Salehi B, Ata A, Sharopov F, et al. Antidiabetic potential of medicinal plants and their active components. Biomolecules, 2019, 9(10): 551.

[206] Sivamani R K, Ma B R, Wehrli L N, et al. phytochemicals and naturally derived

substances for wound healing. Advances in Wound Care，2012，1(5)：213-217.

[207] Liu C, Leung M Y, Koon J C, et al. Macrophage activation by polysaccharide biological response modifier isolated from *Aloe vera* L. var. Chinensis（Haw.）Berg. International Immunopharmacology，2006，6(11)：1634-1641.

[208] Cha J M, Suh W S, Lee T H, et al. Phenolic glycosides from *Capsella bursa-pastoris*（L.）medik and their anti-inflammatory activity. Molecules，2017，22(6)：1023.

[209] Bai Y, Zang X, Ma J, et al. Anti-diabetic effect of *Portulaca oleracea* L. polysaccharideandits mechanism in diabetic rats. International Journal of Molecular Sciences，2016，17(8)：1201.

[210] Zheng G, Mo F, Ling C, et al. *Portulaca oleracea* L. alleviates liver injury in streptozotocin-induced diabetic mice. Drug Design Development and Therapy，2017，12：47-55.

[211] Lei X, Li J, Liu B, et al. Separation and identification of four new compounds with antibacterial activity from *Portulaca oleracea* L. Molecules，2015，20(9)：16375-16387.

[212] Lin H Y, Tsai J C, Wu L Y, et al. Reveals of new candidate active components in hemerocallis radix and its anti-depression action of mechanism based on network pharmacology approach. International Journal of Molecular Sciences，2020，21(5)：1868.

[213] Szewczyk K, Pietrzak W, Klimek K, et al. Flavonoid and phenolic acids content and in vitro study of the potential anti-aging properties of *Eutrema japonicum*（Miq.）koidz cultivated in wasabi farm Poland. International Journal of Molecular，2021，22(12)：6219.

[214] Zhang L J, Huang X J, Shi X D, et al. Protective effect of three glucomannans from different plants against DSS induced colitis in female BALB/c mice. Food Function，2019，10(4)：1928-1939.

[215] Lee H A, Han J S. Anti-inflammatory Effect of *Perilla frutescens*（L.）Britton var. *frutescens* extract in LPS-stimulated RAW 264. 7 macrophages. Food Science & Nutrition，2012，17(2)：109-115.

[216] Ahmed H M. Ethnomedicinal, phytochemical and pharmacological investigations of *Perilla frutescens*（L.）britt. Molecules，2018，24(1)：102.

[217] He Y K, Yao Y Y, Chang Y N. Characterization of anthocyanins in *Perilla frutescens* var. *acuta* extract by advanced UPLC-ESI-IT-TOF-MSn method and their anticancer bioactivity. Molecules，2015，20(5)：9155-9169.

[218] Meng L, Lozano Y F, Gaydou E M, et al. Antioxidant activities of polyphenols extracted from *Perilla frutescens* varieties. Molecules, 2008, 14(1): 133-140.

[219] Jo S H, Cho C Y, Lee J Y, et al. In vitro and in vivo reduction of post-prandial blood glucose levels by ethyl alcohol and water *Zingiber mioga* extracts through the inhibition of carbohydrate hydrolyzing enzymes. BMC Complementary and Alternative Medicine, 2016, 16: 111.

[220] Ando M, Yamada T, Okinaga Y, et al. Evaluation of the inhibition of mercury absorption by vegetable juices using a red sea bream intestine model. Food Chemisty, 2020, 303: 125351.

[221] Park S H, Lee D H, Choi H I, et al. Synergistic lipid-lowering effects of *Zingiber mioga* and *Hippophae rhamnoides* extracts. Experimental and Therapeutic Medicine, 2020, 20(3): 2270-2278.

[222] Ozcan M M, Dursun N, Arslan D. Some nutritional properties of *Prangos ferulacea* (L.) Lindl and *Rheum ribes* L. stems growing wild in Turkey. International Journal of Food Sciences & Nutrition, 2007, 58(2): 162-167.

[223] Dong Y, Hou Q, Sun M, et al. Targeted isolation of antioxidant constituents from *Plantago asiatica* L. and in vitro activity assay. Molecules, 2020, 25(8): 1825.

[224] Wang J, Seyler B C, Ticktin T, et al. An ethnobotanical survey of wild edible plants used by the yi people of Liangshan Prefecture, Sichuan province, China. Journal of Ethnobiology and Ethnomedicine, 2020, 16(1): 10.

[225] Gu S, Pei J. Innovating Chinese herbal medicine: from traditional health practice to scientific drug discovery. Frontiers in Pharmacology, 2017, 8: 381.

[226] Pinto T, Aires A, Cosme F, et al. Bioactive (Poly) phenols, volatile compounds from vegetables, medicinal and aromatic plants. Foods, 2021, 10(1): 106.

图 1　薇菜

图 2　香椿

图 3　野生韭菜

图 4　野菊

图 5　薄荷

图 6　竹笋

图 7 枸杞

图 8 百合

图 9 桔梗

图 10 牛蒡

图 11 芦荟

图 12 诸葛菜

图 13　紫花苜蓿

图 14　马兰头

图 15 荠菜

图 16 马齿苋

图 17　黄花菜

图 18　山葵

图 19 魔芋

图 20 莼菜

图 21　紫苏

图 22　刺儿菜

图 23　蘘荷

图 24　大黄

图 25　车前草

图 26　山芹

图 27　蒲公英

图 28　老山芹

图 29　落葵

图 30　慈姑

图31 鸭儿芹

图32 蒲菜